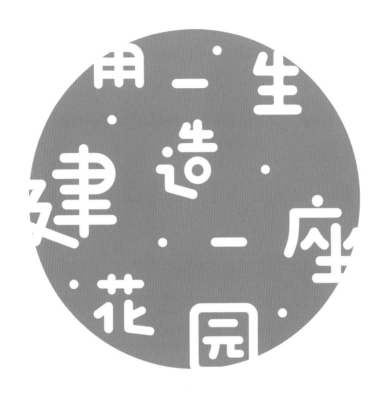

用一生建造一座花园

U0232725

BUILD A GARDEN
ALL MY LIFE 二木 著

长江出版传媒 湖北科学技术出版社

建一座花园，拉近人与人的距离

这是七月下旬的一个傍晚，月亮照在白色集装箱城堡的墙壁上，反射的光让城堡显得格外夺目。夜幕下的花园里有窸窣的声响，不知是来自黄海的风吹着植物摆动，还是小动物们躺在草丛里开启夜间觅食。在这样幽雅的氛围中，一时间，我不禁感叹，这份与花园的缘分，已经成为我生命中最意外的惊喜。

　　很难追溯我与花园的缘分究竟始于哪，也许是儿时与大自然的近距离接触，也许是前世冥冥中注定。

　　我生长在山城重庆，雾气笼罩着整个城市，也滋润着乡间的花草植物。那时我家离农村很近，每天放学我都会特意绕一圈山路再回家，记忆中只有各种叫不上名字的绿色植物，还有被植物包围起来，像镜面一样的大池塘。沿着山坡一路走，一个个池塘被一条河沟串起来，而这河沟里的鱼虾是我们这些孩子童年里最深的记忆。我记得那时放学，总是要抓点什么战利品才行，螃蟹、青蛙、鱼或者虾，否则这一天就像是白过了一样。玩到忘了时间，浑身泥水是常有的事，自然也没少挨揍。到了周末，我常和父亲一起去爬山，我们会翻过几座山后再换另外一条路走回来，这是我和父亲交流的重要方式。

　　在我七八岁的时候，漫长闷热的夏夜多半是在小区楼下的广场里度过的。那时的交通十分不便，但距离反而不是问题，即便是离家几公里以外的小伙伴，也常常聚在一起。几个街区的孩子们互相都认识，只要聚上三五个人，就会开始一场气弹枪大战。即便是只有两个人，也可以头抵着头，玩上半天弹珠。大人们也三五成群地坐在广场上聊天喝茶，有时能一直聊到深夜。那时的我总是好奇，为什么大人们会有聊不完的话。

　　对儿时的我来说，农村就像是我的后花园。那些青山绿水，还有玉米地里满天飞舞的萤火虫，庇佑了我自由的灵魂，也助长了我无所畏惧的精神。

　　时间的流逝快得像翻书一样，随着我慢慢长大，我居住的地方逐渐发生了翻天覆地的变化。山路上的池塘被填埋，其上建起了工厂；门口的小河从以前的清澈见底，变成红、黄、绿、蓝、紫的一周一变色的调色盘；小河沟的水慢慢开始变臭，鱼虾早已不见了踪影；夏夜飞舞的萤火虫也消失了，取而代之的只有苍蝇。

　　以前一起玩耍的小伙伴都各奔东西，我也从重庆搬到了威海。生活变成了车子、房子、无止境的工作，一地鸡毛的琐碎。更令人难过的是，再也找不到小时候那种邻居间的亲切感了，甚至居住了好几年都不知道对门邻居的姓名是什么。人与人之间的关系变得越来越疏远，孩子们再也不能像从前那样，自由地在街上玩耍嬉戏。

随着互联网的快速发展，各种社交平台不断出现，让更多人选择生活在虚拟世界中，足不出户便能看全世界。但这一切就像电影《头号玩家》一样，终有一天，在关闭电源后，还是要回到现实中来。

我曾经是一位资深网游玩家，在游戏里总能拿到各种高级装备和称号，每天打开电脑登录游戏，便有许多网友发来组队邀请。突然有一天，我关闭电脑后，坐在椅子上呆滞很久，感到十分空虚——其实电源一关，我什么都不是，游戏里的辉煌成就对于现实中的我来说毫无意义。这个时候，我便有了让自己在现实生活中动手创造属于我的那份热情、爱好的想法。

第一步便是将卧室的阳台改造成花园，在烦杂的社会中给灵魂找一小片栖息地。那时我家阳台很小，只有不到 4 平方米。空间的约束，让我选择了多肉植物，小小的阳台就能放下几百盆，还都不重样。

也许我天生就是个花匠，栽种一年下来，多肉植物不但没有死多少，反而繁殖了一大堆，捉襟见肘的 4 平方米阳台渐渐放不下这些植物。我便开始在本地举行一些分享活动，同时向更多人讲解多肉植物的有趣之处。就这样，在这个人际关系疏离的互联网时代，植物给我带来了第一批工作以外的朋友。

为了能够有更大的空间种花，我说服了我妈，卖掉了海景房，在一个非常偏僻的地方买了两户花园洋房。一户是一楼，有一个 50 平方米的院子，一户是顶楼，南北各一个 10 平方米的露台。在交房的第一天我就跟我妈说："一楼院子的改造交给我了，屋子的装修也交给我了，你等着享受就行。"就这样，我打造了一个 50 平方米的花园和顶楼 10 平方米的多肉花园。

随着两个花园的打造，我结识了越来越多的朋友，意外地发现这些有着同样爱好的朋友关系都十分融洽，有的朋友甚至就像家人一样亲密，第一次见面就感觉好像认识了几十年。

慢慢地，越来越多的花友前来参观我的花园，安静的家庭生活也在意料之外被打乱了。为此，我又在城郊租下了一个 600 平方米的废弃大棚，将其改造成一座以多肉植物为主题的花园，也就是大家熟知的"二木花园"。

二木花园成为连接花友的纽带，大家在花园里释放情绪的同时，也找到属于自己的那份平静。植物将人与人的关系拉近，许多陌生的花友变成了好朋友。大家一起栽种植物，一起出门旅行看花，一起聊家常。一年中大家会选择一些节日或周末，从全国各地赶到二木花园聚会，仿佛又回到了儿时那个夏日的广场。

然而，参观二木花园的游客越来越多，这座花园简直变成一个旅游景点。这让我心里有些慌张，因为这背离了我的初衷，人流量虽然巨大，但花友没有好的体验感，更无法实现人与人之间的有效交流。考虑到安全问题，以及建设花园的初衷，我不得已决定关停二木花园，重新思考如何在控制人流量的情况下让花友们得到更好的观园体验。

每个人心里都希望有一片自然的净土，却不知净土到底在何处。

每个人心中都有一座花园，但并不是每个人都有精力和能力去建设。

为此，我包下了一座110亩（1亩约等于667平方米）的山头，有了一个新的梦想。我计划用自己的双手将山头改造成一个大花园，包含许多不同主题的小花园：能够缓解工作压力的花园、能够重新建立人与人之间信任关系的花园、能够让现在的小朋友们接受自然教育的花园……一年完成一个主题花园，20年就是20个主题花园。

朋友说我是在实现自我价值，但我只想把我的梦想变成现实，用我的一生来建造我心中的那座美好花园。

C O N T

目　录

上篇　造园

E N T S

造园

 A GARDEN

集
装
箱
城
堡

2016年春季，随着二木花园的游客越来越多，我决定寻觅一个新地点重新建造一个多肉植物温室。经过多次勘察，我找到了一个110亩的山头。令我惊喜的是，这个山头中有一片被近40亩郁郁葱葱的松树林环绕着的空地，像极了电影《小森林》里的场景。看到这片空地的时候，我非常兴奋，住在森林之中，不正是我的梦想吗？

面对荒芜的山头，我却心潮澎湃，脑海中很多关于花园的想法一下子都涌现出来：可以在这片土地上像塔莎奶奶那样建造一个花园；可以给孩子们打造一个用于自然教育的夏令营基地……那些我曾经觉得很遥远的事，仿佛一夜之间就走进了现实。于是，我决定除了建造温室，还要在这片土地上打造一座属于自己的花草王国。

　　实现令人热血沸腾的梦想，需要周全的考虑和计划。如果要建设并维护好这么大的一个花园，一定要住在山里才行。我开始在心里研究山居的可行性，首先考虑的是土地的"稳定性"。租用土地最害怕两点：第一是租用时间太短，到期不能续租；第二是未到期承包方违约或找麻烦，这种情况很常见。

　　这块地的租赁期限是25年，虽然无法确定25年后是否还能续租，但是算一算等租约到期时我已接近60岁。即便到期不能续租，用25年的时间做我最热爱的事，也十分值得！

　　我们是以农业项目投入的方式租的地，当地政府也非常鼓励并支持这样的绿色产业，在政策上给予了我们很大力度的扶持，主动帮助我们协调相关事宜。因此，关于租用土地的两点担忧就都解决了。

　　这片山头的外围有一堵2米多高的水泥围墙，墙上还插了很多碎玻璃。围墙内围绕生长着的大片树林，形成了天然的屏障。围墙外则是大片的树林和一些农田、苗木基地，更远处是一些原始的大山，地理环境堪称完美，为温室基地和花园的安全性提供了良好保障。

　　这片山头简直就像等待我已久的老朋友。我跃跃欲试，准备大干一场。

　　建造花园，筹措资金自然是不可回避的事情。我把这几年创业挣的全部资金都投到了山头也远远不够，于是便把自己在市里的一套小房子卖掉了。

　　很多人以为我是"土豪"，但其实我和大家一样，都是生活在现实世界里的普通人，只不过，我愿意为梦想倾尽所有。对于追逐梦想，我一直是积极的，只要有梦想，即使梦想看似遥不可及也不要放弃，都要想办法去努力实现。也许现在实现不了，但只要坚持为之努力，时间会给出最好的答案。即使最终也无法实现，逐梦的过程也弥足珍贵。

　　当然，我能放手去做，离不开家人的认同与支持。了解我的人应该都知道我的追梦旅程离不开家人，尤其是我老妈的支持。记得我把自己的想法告诉我妈的时候，她只说了一句："儿子，放心大胆去干，老妈是你坚强的后盾！"我想，这句话就是我应对所有困难时最大的底气。

被松树林包裹的空地。

包下山头后，我迫不及待想要大展身手。然而，当推土机将地面铲平了之后，面对着荒芜的山头，我的家人们却开始发愁了。

"这么大的地，怎么干？"他们问我。

"总会有办法的，我们慢慢建吧！"一时之间，我也捋不清思路。

但是，我心中坚信：只要我们向前迈出一步，梦想就离我们近了一步。不论未来我们会活得怎样，至少当年我们都曾热血奋斗过，不枉过往的青春。站在山头的那一刻，我的血液是沸腾的，我感觉自己真的变成山大王一样。我对着这片土地，大喊了一声："朕来打江山啦！"紧接着，便把我在所有聊天软件中的名字都改成了"二木山大王"。

接下来，我便开始一步步构思我的花园王国。每个晚上我都在兴奋地画图纸，提出、推翻、改进一个又一个方案。最后，我决定用集装箱改造一座住宅，并围绕集装箱住宅建造一座2000平方米的大花园。其中，居住区花园1000平方米，生态菜园100平方米，还有许多空闲区域先用木栅栏围起来，未来再慢慢规划建设。

就这样，2016年7月，伴随着炙热的阳光，我的梦想正式启航了。

　　建造花园的第一项工作便是除草和平整地面。开工第一天，我戴着手套，提着铲子开始除草铲土。7月的威海烈日炎炎，我才铲了半小时土就全身湿透了，但一心想快点完成花园基础建设的我根本不觉得累。正当我挥汗如雨地干活时，忽然听见旁边给温室施工的工人的嘲笑："这么大片地，一个人拿着铲子铲，铲到死也铲不完，笑死人了！""傻得很，叫个挖掘机来，一会儿工夫就完活儿了。"刚听到时我很生气，但后来想想，他们说的也没错，自己确实有点傻。曾经的办公室白领，突然面对这样大面积的基建工作，的确完全摸不到头脑。于是，我拿起手机找来推土机和挖掘机，果然大大提高了效率，也就半天时间，地面就平整完了，还挖好了排水沟。就这样，开工的第一天我就学到了很多基础建设的知识。

　　就像前文所说，这片空地的四周有一片天然的森林，森林里的野生小动物很多，因此，建造自然生态花园是最符合周边环境的选择。

　　而之所以选择用集装箱来改造住宅，主要是因为经常看到"老外亲自动手爆改集装箱变豪宅""某某建筑大师用集装箱改造出无敌美景工作室"这类报道，这些文章鼓动着我不安分的心。也许是天蝎座的天性使然，决定了要做一件事就什么都拦不住，我在不懂建筑、不懂设计的情况下，就决定开工了。我想，先动手干了再说，遇到问题再解决，办法总是比问题多的！

　　我之前从事贸易工作，经常和集装箱打交道，对集装箱很了解。集装箱的使用寿命在30年以上，用来改造为住宅完全没问题。但集装箱的顶部和侧面是铁皮，厚度约2.5毫米，底部并不是铁皮，而是铺了5厘米厚的木板，所以集装箱底部不耐腐蚀，不能直接贴着地面放。出于承重的考虑，我采用了水泥柱作为基柱，将集装箱安放在水泥柱上。后来证明这个决定非常英明，因为水泥柱有效避免了地面泥土在雨后变软甚至下沉，最终危及整个集装箱的风险。

　　我将集装箱四周的排水沟利用起来，做成了一排水渠，最后汇集到花园中心区域的水池里，这样可以将雨水回收储存起来，今后用于灌溉植物。其实我最担心的是生活污水问题，我曾想过将污水净化处理后直接饮用，但这并不符合当下现实，只能作罢。后来，我想买个现成的球型化粪池，可以收集沼气用来做饭。但研究了多方资料后，考虑到安全性，还有投料、冬季产能低等问题，也放弃了。最后，我找来师傅，做了一个可以三层过滤的化粪池。为了能有更好的沉降效果，化粪池底部没有用水泥抹平，而是倒入了许多细沙，经过三层过滤后排出来的水不会太脏。排水管道也被我分成了两个部分，马桶排水有一个专用管道，淋浴、洗手台、厨房水槽用另一个管道。这样，平时的生活用水会直接从化粪池排出，而马桶的污水会囤积到化粪池里慢慢发酵，一家三口的话，两三年清理一回就差不多了，清理出来的发酵物还可以埋在树下做肥料。污水管道被我接到了20米外的一片树林里，那里正好有一个斜坡，种了绣球等许多喜水耐阴的植物。化粪池里的污水排出来可以给这些植物施肥浇水，用不了2年，植物就会长得很好，开花也多。

　　基建工作准备就绪后，就可以吊装集装箱了。集装箱是我找威海当地负责出售旧集装箱的朋友购买的。一个12米长的集装箱仅需8000元，还包含运送到山上的费用。其中几个集装箱还是2014年才生产的，我收到后十分惊喜，感觉赚到了呢！

吊装集装箱的场景十分震撼。

6个大集装箱被大卡车运到山上时，场面很震撼，仿佛要搭建一个科幻城堡。我至今都记得，看到一个个集装箱被吊装堆砌起来后我内心的激动和兴奋，感觉自己的家终于有着落了！

最初，我计划将集装箱像国外那样横竖错落搭建，比较有艺术感。但后来发现在国外购买集装箱的各个拼接部件很方便，甚至还有成品门窗售卖，但国内不具备这些条件。考虑到费用及舒适性，我最终放弃了那些奇特的造型，将4个集装箱并排作为一楼，2个并排作为二楼。一个40尺（1尺约等于0.333米）高柜集装箱的内部尺寸是：长12米 × 宽2.13米 × 高2.7米，加上保温层后宽度就只剩2米了，对于一个有孩子的家庭来说，这个空间太窄。因此，我将集装箱从中间打通，以便重新规划格局。

吊装第二层集装箱时，我站在第一层集装箱的顶部用手扶着以调节位置，在这个过程中发生了两个惊险的小插曲。第一次是当吊车将集装箱吊过来时，我被硬生生地挤到了最边上，没有落脚点，眼看就要被挤下去了，我一心急就从吊着的集装箱下方翻到了对面。这其实是非常危险的，因为吊车司机看不到情况，如果集装箱掉下来我就会被压成肉饼，当时把我的家人都吓坏了。第二次也是同样的情况，我又被挤得没有落脚点。还好有了之前的经验，我提前看好了逃生路线，抓着集装箱上的柱子直接从箱顶跳到了沙堆上。木鱼妈本来在拍视频记录集装箱的吊装过程，看到这惊险的一幕被吓得双手发抖，这段画面被拍得完全看不清了。

惊险刺激的吊装搭建完成后就可以对集装箱进行切割了。集装箱的最大优点是可以切割出你预想的任何形状，门窗大小、位置也都可以随便改动。在切割之前，要提前规划好房间结构。

山上自然环境很好，四周都是郁郁葱葱的树林，为了能看到更多风景，我在集装箱上开了许多扇门窗。集装箱体的铁皮墙很吸热，因此在正南面开的门窗都比较小，大落地窗选择开在了东西两侧，这样既可以保证足够的光线，夏天也不至于太热。每个房间还都设置了一面密封玻璃窗。

集装箱体的瓦楞形结构是为了承重而设计的，每次只能小块切割，否则会导致整个箱顶塌下来，造成安全事故。为了安全起见，我采用切掉一

木鱼妈当时吓到相机滑落，拍的很多照片都很模糊，仅剩下这一张比较清晰。

集装箱内部切割后，采用国标工字钢承重立柱。

小块就马上焊接安装一根12厘米宽的工字钢，再用轻钢龙骨包裹起来的方式，一点点切割箱体。

门和窗切掉的地方用点焊的方式焊上方钢做成门框与窗框，便于未来安装门窗。焊接后，先用发泡胶封上较大的缝隙，再用结构胶整体密封，避免下雨时渗水。此外，我还在门窗上都做了雨棚或雨水槽。

集装箱堆砌起来后，上下两个箱体间是有空隙的，会透风，老鼠也会爬到这中间栖息。因此，切割箱体后，一定要用铁皮将地面、中间、顶部的缝隙焊死，避免未来透风、漏雨，或者住进老鼠。我疏忽了这一点，当时为了节省时间没有完全焊死，中间的空隙后来变成了老鼠的乐园，它们每天都在天花板上欢快地跑来跑去。而且它们还会充分发挥超强的破坏能力，咬穿发泡胶、结构胶。我担心它们会啃断电线或水管，采取捕鼠笼、捕鼠器、粘鼠板齐上的方式，清理掉几十只鼠小弟，家里总算清净了许多。不过想要彻底解决问题，最好用水泥将两层集装箱之间的缝隙封上。

集装箱的保温性、隔热性都不好，如果在南方，集装箱的可塑性要好很多。在北方，为了保障居住的舒适性，需要在前期采取充分的防护措施。

北方地区冬季较寒冷，特别是在山上，正常情况下，山中的温度会比市区低3~5℃，冬季平均温度为 -10~-5℃。如果没做保温处理，到了夜里，集装箱内部的温度就会迅速降低，和室外相差无几，不仅取暖会产生巨大的能量消耗，还很容易因为温差形成冷凝水。因此，我在集装箱内部用保温板和隔音棉做了15厘米厚的保温隔热层，同时用发泡胶把空隙都填满。处理后，保温隔热效果显著提升。冬季户外 -5℃时，室内的墙面用手摸起来不会很冰凉，稍微一加温，室内温度就比室外高很多。

集装箱顶部的铁皮只有2.5毫米厚，既不能保温，也无法隔热，夏季暴晒后，内部温度会非常高。于是，我在二楼集装箱上方做了一个斜顶，顶部盖上 PVC 白瓦，并在中间填充了许多保温棉，减少阳光的直射。经过屋顶和墙体的双重处理，夏季户外温度30℃以上时，集装箱内部也只有26~27℃。朋友来玩时，都以为我们开了空调，其实是保温隔热层的功劳。

除了隔热，倾斜的屋顶还有一个好处：下雨时，雨水会沿着倾斜的屋顶集中流入屋檐的集雨槽，最后顺着排水管排入花园中的鱼池里。在水资源稀缺的山上，一切可用的水资源都不能浪费。

集装箱搭建并切割后的样子。

用羊毛刷刷两遍漆后的效果。

切割、搭建工作完成以后，就要给集装箱刷漆，让它真正开始华丽变身了。在建设初期我就决定将整个集装箱全部刷成乳白色，因为白色可以更好地衬托植物，而且冬季下大雪后，雪后山里一片白色，简直就是仙境。

刷漆前需要将集装箱的锈点打磨平整，锈迹严重的地方还需要用白色结构胶抹平。我选择了一种质量很好的船用白色金属漆来刷集装箱。原本以为用喷枪一天就能够给集装箱喷完漆，不料实际操作时发现有一个很大的难题——很难将油漆调配到合理浓度。太浓稠的话喷出来的油漆会结成块，甚至会堵住喷枪嘴，过稀则会留下一条条痕迹。我用喷枪喷了4遍漆后发现连底漆都没盖住，照这情形也许要喷10遍以上才会有效果，只好放弃了，第一次喷漆就这样宣告失败了。

后来我尝试用最细的羊毛刷直接刷，效果不错，刷两三遍就能完全覆盖住原来的颜色，就是比较费时。为了加快进度，我请父母都来帮忙，底层站着能够刷

站在高处刷漆。

到的位置，我们一起刷完。北墙与第二层高一些的地方刷漆困难且危险，我都独自完成。特别是北墙，因地势较低，需要搭建5米高的脚手架才能刷到。为了保证安全，我用麻绳将脚手架捆绑在集装箱的窗户上，但时近冬季，大风凛冽，脚手架晃动得很厉害。刚站上脚手架时我很害怕，脚抖得不行，刷着刷着就习惯了，好像自己也能飞檐走壁一样。伴随着刺骨的寒风和有节奏晃动的脚手架，我给集装箱刷完了漆。粗犷的橙色集装箱完成了华丽变身，越来越接近我心目中的那座白色城堡。

我在距离花园80米的高地修建了一个巨大的密封蓄水池，用以储存从地下100米深处抽取的水，专门用于灌溉植物。家里的生活用水则另外储存在一个储水量为2.5立方米的压力罐中。因为输送距离较远，水压不像城市里的自来水那么大，用起来倒也合适，还能强制自己节约用水。现在我已经不习惯像住在城市里那样用大量的水冲洗餐具了。

冬季山里的温度长期在 -5℃左右，偶尔还会有 -15℃的低温。为了避免温度过低冻坏水管，我挖了深50厘米的沟布置水管，并给水管套上保温棉，一切按照50年保质期的标准去做。水管布置填埋完毕后，在地面做好记号，避免后期挖坑种花时破坏水管或电线。

由于作为多肉养护基地的温室耗电会比较大，冬季也要依靠电能取暖化雪，所以我特意从威海电力局单独申请了电缆给山上供电。家里用电是从总电箱里拉了一根线缆，顺着水管挖沟一起掩埋入户的，电缆外也套了铁管进行保护。

考虑到安全问题，水电管进入室内后是分开的，总水阀在卫生间，总电闸则是在厨房。除了家里用电，还设置了一个户外专用总电闸，用来控制花园和距离集装箱40米外的一个工具房的用电。花园用电主要是灯，灯的线路也提前规划布置好，并使用了许多户外专用的防雨插座。这样一旦户外用电有问题，户外总闸就会自动跳闸保护总电源，不会影响家里用电。至此，水电工作也完成了。

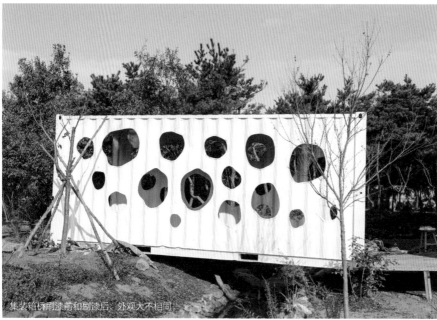

集装箱桥刷漆前和刷漆后，外观大不相同。

为了统一风格，西南面排水沟上的桥我也选择用集装箱打造。花园的侧门就在此处，从侧门进入花园后，需要通过这座集装箱桥才能走到中心花园里。

为了让桥更有趣好玩，在吊装时，我故意将集装箱桥倾斜了一点。箱体两侧设计了很多不规则的洞口，走在桥上时可以通过洞口欣赏花园里的景色，而狗狗也能从矮一点的洞口探出来看风景。为了保障安全，我用密封条将开洞的切口都包了起来，一些切割后锋利的边边角角也都用打磨机仔细打磨。桥外侧则牵引固定了许多藤条，便于攀缘植物攀爬。未来桥的四周会爬满植物，开满花朵，访客穿过这座繁花锦簇的集装箱桥时，心情一定会非常愉快。

牵引了许多藤条，供攀缘植物攀爬。

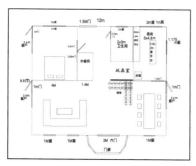

集装箱1楼布局平面图。

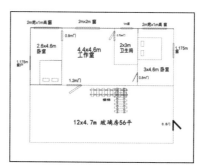

集装箱2楼布局平面图。

集装箱的内部装修与普通家装差不多，只不过集装箱的结构更加多元，在装修时需要考虑的地方比普通砖房更多，首先要保障居住的舒适性，再去研究如何装饰。

内部打通后，首先要进行隔断分区。内部的布局是根据我们的生活动线进行设计的。客厅、厨房和餐厅及卫生间均设置在一楼，此外，一楼还留着一间客卧以便客人来访时入住。我们和小木鱼的房间则设置在二楼，视野更好，也保证了隐私性。二楼还有一个工作室，工作室可以直接通向阳光房。

从厨房的玻璃窗望出去是一片森林，经常能看到许多小鸟在树林间飞来飞去。集装箱2楼右侧的房间是给小木鱼准备的，从窗户望去，可以看到一排用于风力发电的大风车。小木鱼每天早上醒来，一眼就能从窗户望到远处风车悠悠转动的画面。

我利用轻钢龙骨作支柱，再安装双层石膏板作墙面对集装箱内部进行分区。箱体间的缝隙都用铁板焊死，避免漏雨。地面使用3厘米厚的集成地暖模块，不仅保温，安装也方便，只用3天时间就全部装完了。

我还安装了空气能热水系统用来供暖，其工作原理是利用空气压缩机对水进行加热，然后通过水泵将水循环起来供暖。原本这套系统既可以制热也可以制冷，不过威海夏季很凉快，不需要制冷，就专门用来供暖了。在初冬时期测试温度和用电量，当回水温度调到32℃时，室内需要6~8小时才能暖和起来，真正的节能循环是在24小时后，一天大约耗电40度。而在较冷的季节回水温度需要提高到40℃，一天大概要用掉120度电，极低温时期耗电量会更高。不过平均算下来大约是常规空调用电量的1/3，比城市里集中供暖还省钱。最方便的是可以根据天气情况自己调节温度。有了供暖系统后，冬季大部分时候室内温度为18~22℃。遇到特别冷的天气，室内夜间会降到16℃左右。

为了美观和舒适性，集装箱内部除了厨房和卫生间铺了瓷砖，其他地方都铺上了地板。不料地板隔热效果太好，导致室内升温缓慢。冬季供暖之后，厨房和卫生间的温度要比其他房间高5~6℃。

利用轻钢龙骨给集装箱进行隔断分区。

墙面都安装了防火保温板。

石膏板安装完毕。

通向二楼的楼梯。

　　经过整个冬季的赶工内装，集装箱终于有了家的样子。由于层高有限，我在装修时一切从简，让家尽量简洁明亮一些，后期在进行软装搭配时利用大型绿植和家具来丰富室内空间。

　　客厅有许多大窗户，光照充足，平时躺在沙发上可以边看电视边晒太阳，小木鱼更是喜欢躺着看她最爱的动画片《冰雪奇缘》。

　　东西两边的大窗户打开后空气流通非常好，夏季不会太热。家具摆件很少，打扫起来也不会太费力。

　　透过客厅的窗户望向花园，经常能看到各种鸟儿扇动着翅膀从湛蓝的天空中掠过。有一次我还发现一只野鸡跑到门前不远的地方。客厅朝向集装箱桥有一面大落地窗，也许是玻璃太干净了，刚装上时，娜米（我家的小狗）撞到上面好几次。

2楼工作室，直接通向多肉植物玻璃房。

客厅光照充足，宽敞明亮。

小木鱼和娜米窝在沙发上。

餐厅与厨房利用谷仓门进行隔断。

餐厅角落里栽种的一盆天堂鸟，长势很好。

　　餐厅布置比较简洁，因为光照较少，只适合摆放一些对光照需求较少的植物。我在桌面上摆放了一盆栽种着苔藓和捕虫堇的玻璃罐作为装饰。餐厅空间虽然不大，但平时朋友来玩，8~10人一起进餐也不会太挤。人多的时候还可以到户外餐厅用餐。小木鱼4岁生日时，我们邀请了8个家庭来参加她的生日聚会，大人小孩加起来接近30人，户外餐厅也不会显得很拥挤。

　　室内装修完毕后，我们的白色集装箱城堡终于建造完成了。两个月之后的春天，我们一家三口就搬到了山上，开启了山居生活。虽然后期还有很多地方需要修缮，但我一点都不觉得麻烦，反而乐在其中。因为，我把这座白色集装箱城堡当作自己的作品，跟随我们一家三口一起完善、成长。

我在客厅陪娜米玩。

多肉植物阳光房

　　阳光房也许是花园中最浪漫的地方，网络上那些精美的图片更是令人浮想联翩，透亮的落地窗，温暖的阳光轻柔地洒下来，配以绿植、沙发，舒适而美好。

　　实际上，在花园中打造一个人为可控且较为稳定的环境是十分必要的，不论是用于栽种植物，还是作为休闲空间、餐厅。而阳光房的作用就在于此。当有阳光，且通风条件、湿度、温度都可控且稳定时，植物自然会呈现最佳的状态。

　　对多肉植物的热爱，使得这些小精灵成为我生活中最重要的部分之一。因此，在规划整个集装箱城堡时，我最先考虑到的就是将二楼南面共56平方米的空间改造成养多肉植物的阳光房。而且，这个阳光房还可以作为我们休闲放松的地方，具有双重功能。

阳光房小常识

阳光房是用金属框架和玻璃搭建而成的建筑。最适合搭建阳光房的空间是露台，5~30平方米的大小都很理想。不过，在城里的小区，要搭建阳光房应先与物业、邻居沟通，并取得许可。

阳光房的主体承重框架多用承重性好的方钢焊接而成。焊接时一定要满焊，而非点焊，因为点焊会有漏洞，后期如果顶部结构胶开裂就会漏雨。焊接之后，还要给钢结构刷一层金属漆防锈。除了主体承重结构，阳光房的外部框架可以用断桥铝和方钢两种型材搭建。断桥铝又称隔热铝合金型材，比普通铝合金型材具有更好的保温隔热效果，但承重性不如方钢，造价相对高一些。

南方的冬季并不太冷，阳光房的外部框架也可以选择用方钢焊接。但北方冬季气候寒冷，到了夜里，阳光房内部温度的下降速度非常快。因此，在北方建造阳光房时使用保温隔热性更好的断桥铝更为合适，玻璃须使用双层中空玻璃，否则会影响密封性。同时，北方的阳光房内部一定要考虑加温问题。可以使用电暖，也可以将暖气供水管接到阳光房里铺设地暖。

阳光房不仅保温性差，隔热性也很差。夏季阳光强烈，加上阳光房内部空气流通性差，容易导致内部温度过高，对植物造成严重伤害。南方夏季多闷热潮湿天气，阳光房的窗户一定要大、要多，窗户甚至可以做成上推式。而北方的阳光房不适合开太多窗户，以免影响冬季保温效果。不过开顶窗非常有必要，既可通风透气，也便于后期维修。顶窗如果是电控的最好。另外，由于夏季蚊虫很多，需要给窗户加装防虫网，但这样又会降低通风效果，还是要根据具体情况来灵活处理。

如果阳光房比较高，也没有做顶窗，在室内拉遮阳网也能起到一定的隔热作用，可以选择专用的遮阳布，也可以直接用麻布或者棉布拉出一些造型。

给玻璃镀上一层阻热膜也是一种有效的隔热方式，这相当于给阳光房装了一个永久的防晒网。但这个方式有一个缺点：会阻隔大量紫外线，影响植物的生长。为了避免阻热膜对植物的生长造成影响，可以将阳光房内分区规划，不同区域选择性镀膜。如果玻璃已经装好了，可以后期自己贴膜。

由于阳光房的结构和所处的地理位置不同，内部空间的规划和植物布置不能一概而论，原则就是要根据光照强度和植物的光照需求来分区。

只要提前规划好，做好保温隔热工作，阳光房就能满足要求，成为一个人为可控且较为稳定的环境。

阳光房一角。

我原以为在集装箱顶部搭建阳光房和在楼顶、露台上搭建一样简单，实际上却有极大的挑战。首先，集装箱顶部的铁皮只有2.5毫米厚，根本无法承重。其次，虽然有很好的防腐漆保护，但时间久了铁皮仍然会腐蚀生锈，特别是种满植物的阳光房，由于植物需要经常浇水，内部湿度很大，更会加快铁皮的生锈。而且，在冬季最低温达 -15℃的山里，阳光房的温度将直接决定植物的生死，保温问题也不容忽视。

首先解决的是集装箱的顶部不能承重的问题——将重量分散至集装箱的四个角。先将4米多长的工字钢焊接在一楼集装箱的四个角上作为承重柱，然后将角铁和工字钢焊接起来，进一步加固。为了避免后期集装箱顶部的铁皮晃动，我用角铁将铁皮顶与工字钢也焊接在一起，形成一个整体。这样，所有的重量都分散至承重柱上了。

用工字钢和角铁加固集装箱顶部，解决承重问题。

完成底部承重结构搭建后，便开始焊接阳光房的外部框架。阳光房的主体框架使用承重性好的方钢，最前方的弧形钢结构是直接定制的。门窗等外部结构使用的是断桥铝。几年前我在建造另一个阳光房时，为了省钱选择了塑钢门窗。当初安装师傅拍着胸脯跟我说："用个十年八年绝对不会有问题！"结果没过多久，窗户和门就都因为变形而无法关严，后期维修起来十分麻烦。这次我吸取了教训，在建造初期就尽量选择优质的材料。

我对阳光房的顶部进行了加高，给屋顶做了一些坡度，这样不仅可以增加内部空间的高度，也便于排水，冬季屋顶也不容易积雪。

给集装箱顶上漆。

安装玻璃。

焊接完成后就要上漆了。断桥铝是铝型材，不易腐蚀，但主体框架的钢结构则需要刷多层漆来防护。我先用金属漆整体刷一遍，待漆彻底干透后再用白色的船漆刷两遍，以契合集装箱的白色调。除了框架，作为阳光房地面的集装箱顶部也要上漆，因为未来浇花的水可能会流到集装箱上。要注意做好防护工作，不能错过任何一个角落和缝隙，否则等地板钉装起来后再维护十分麻烦。

整个阳光房全都安装双层中空钢化玻璃。每扇玻璃都非常重，尤其是顶部的玻璃，一扇玻璃就接近50千克，因此选用结实的钢材作为承重框架结构是非常有必要的。

为了让多肉植物能接收到更多的紫外线，在定制玻璃时，我没有选择加镀防晒膜，后来有些后悔，因为夏季实在太热了。在定制玻璃前，最好先做好阳光房内部的植物分区规划，未摆放植物的区域，玻璃可加镀防晒膜，这样可有效隔热。

　　安装完玻璃之后，阳光房就已具雏形了。但是我对内部的防水还是有些不放心。万一集装箱的铁皮掉漆，或者其他原因引起生锈漏水，不仅维修不便，还会影响一楼客厅。而且仅有一层铁皮，保温效果也不理想。因此，我又在阳光房地面铺设了3厘米厚的保温板，在保温板上层用"水泥＋防水液＋防水布"的方式又进行了一道防护。

　　在铺设保温板时，我特意将四周做高，使整个板面向中间倾斜，这样浇水后多余的水会流到中间预埋的排水管里，再通过阳光房专用的排水口排走。

　　考虑到山里可能出现的极低温，我在防水保温层上铺设了总长约60米的水暖管，如果遇上低温天气，可以启用水暖管给阳光房供暖，保证植物存活。

　　之后，用防腐木安装阳光房的墙面和地面。靠集装箱这一面的墙我钉装了1.5厘米厚的防腐木，用丙烯颜料在上面画上喜欢的图案。这面木墙可供植物攀爬、作工具架。地面则铺设了4厘米厚的防腐木，木板会在白天积攒热量，晚上再缓慢释放出来，可以进一步增强阳光房的保温效果。至此，阳光房的基建工作就完成了。

在集装箱顶部铺设了保温板和防水层。

用防腐木钉装墙面。

为多肉量身定制的花架。

阳光房的地面是木板，中间有少许缝隙，加上底下铺设了防水层和暖气管，植物无法地栽，故而所有的多肉植物我都采用花盆栽种。为了保证多肉都可以接收到充足的光照，在建造阳光房的过程中，我每天都观察阳光照射的位置和角度。根据观测的光照情况和阳光房的内部空间尺寸，我利用剩余的防腐木制作了一系列阶梯式花架。为了统一色调，我用剩下的白色金属漆给花架上了色。如果喜欢做旧的感觉也可以使用丙烯上色，当然，花架下方留了足够高的空间，一是为了方便站着进行植物的养护工作，二是可作为收纳空间，用来存放多余的土壤、肥料、花盆。

至此，就可以请多肉们入住新居了。这些多肉植物有很多是我从2010年一直养到现在的，正好趁这个机会给它们换土、整理，有一些已经四五年没有换过土了。我原计划一边往阳光房里搬运多肉，一边做减法淘汰一些品种，结果却越搬越多，搬了3000多盆多肉到阳光房里，把整个阳光房全都塞满了。

各式各样的多肉植物。

多肉植物入住玻璃房。

　　多肉植物被我集中摆放在一个区域，浇水、遮阴都更方便，这个区域被从下到上充分利用起来。在窗边不需要经常浇水养护的位置，我摆放的都是一些年头较久的多肉老桩。靠近墙体的地方摆放黑法师这类枝干较长的多肉。顺着花架一层层摆放下来，保证所有的多肉都能有充足的日照。花盆间用了许多园艺杂货来隔断，这样可以避免多肉长大后挤在一起因不透气而生虫。

　　珍珠吊兰、新玉缀、雨露、十二卷这类多肉植物不需要太多直射光，摆放在弱光区域。而仙人掌虽然喜强光，也可摆放在弱光区域，定期搬到阳光下晒晒即可。

　　为了方便浇水，我从集装箱室内引出了一根水管，从网上买来石头做洗手盆，又将一个不常用的花盆用来做底座，DIY 了一个洗手台。花架旁的木梯用于日常维护，主要是方便冬季大雪后爬到楼顶清雪，平时很少使用，所以我也在木梯上挂满了多肉。

　　因为阳光房内装修采用了很多防腐木，防腐木气味很大且有毒，如果气味传入居住空间，不仅难闻也会对健康造成影响。所以我在一楼通往二楼的楼梯区域用玻璃打造了一个阳光房入口，用来隔离阳光房和居住区。这个区域的光照条件是最好的，不用来种多肉就太可惜了。我利用剩余资材制作了一些花架，再找来之前外出参展剩下的柜子等道具，将阳光房入口空间重新布置了一番。

DIY 的多肉组盆，形似小乌龟。

废旧的鱼缸改造成多肉组盆。

阳光房入口区域也摆满了多肉。

　　我在玻璃上挂了包塑铁丝网，将垂直空间利用起来，这样能收纳不少东西。之所以没有用攀缘植物装饰立面玻璃，是因为喜欢阳光的攀缘植物大多很爱掉叶片，特别是秋末初冬时节，而落下的叶片非常难打扫。在为每个区域选择植物时，我都会考虑未来管理、打扫方面的事。

　　在这个区域还有我很喜欢的一个设计——利用一些废旧木框制作的木框墙。我把它们成列地用铁丝捆绑在一起，再固定在玻璃房的框架上，成为一面用途多样的木框墙。这面木框墙既帮助居住区遮挡了阳光，又成了我的园艺杂货收藏架。这些杂货大多是我从世界各地的杂货店淘来的，这面木框墙承载了满满的回忆。木框有一定深度，有部分区域是照射不到阳光的，所以摆在这里的多肉要么是对阳光需求不高的，要么就是放任徒长的。

各种常用工具用包塑铁丝网挂起来摆放，方便收藏和使用。

木框里的多肉植物都经过精心挑选。

3 年前栽种在旧罐里的多肉，现在更漂亮了。

用水苔和铁艺花篮制作的多肉水母。

　　在打造花园的过程中，我会考虑尽可能把身边的元素融入进来。在我看来，这世上本无垃圾，只有等待发现的宝藏。也许很多物品看起来毫无用处，但当把它们摆放在花园里时却可能会有意想不到的效果。例如，破陶罐、旧靴子都能拿来种多肉。

　　如今，除了以前盆栽的多肉外，我已经很少再新增多肉了，只会在给多肉分株时用花盆种上一些子株送给朋友，或者调换一些长得不好的。对多肉品种的追求也没有以前那么疯狂了，反而更喜欢将一些皮实的常见品种和不同的杂货组合摆放，寻找搭配的灵感和乐趣。

不过，我仍然深爱着多肉植物，是多肉带领我进入美好的园艺世界，认识了许多志同道合的朋友。而且目前我所见过的植物中，没有哪一类的生命力能像多肉植物这样强大。多肉可以种在任何器皿中，哪怕几个月不浇水也能存活。曾经有一次，我在给多肉换盆时，把多肉挖出来后忘记种了，被"遗弃"的多肉就静静在角落里躺了几个月。直到我整理东西时才发现这棵多肉，赶紧种上、浇水，居然成活了！与多肉的奇妙缘分让我觉得自己也许上辈子就是棵多肉吧！我时常在心里憧憬着：未来要在山上建一个真正的多肉植物园，用更多的形式，将多肉的特点和美展现出来，让多肉这种小精灵给越来越多的人带去快乐。

阳光房里随处可见可爱的多肉。

多肉植物白凤的花箭，干插在花瓶里可以放置3个月以上。

生

态

花

园

刚承包下这片山头时，我就根据地形地势，计划围绕集装箱城堡打造一座2000平方米的花园。关于花园的规划构想源于这里的自然环境——四周是一片原生态的松树林，松树林里有许多野生小动物，野兔、野鸡、刺猬、黄鼠狼等都很常见。因此，我想从"自然"的方向切入，尽量选取天然的资材，让花园与周围的环境融为一体。

我还希望这个花园是小木鱼可以尽情玩耍的场所。随着小木鱼一天天长大，她对自然越来越感兴趣，我开始在花园设计上更多地考虑到孩子。我希望小木鱼可以光着脚跑遍花园的每个角落，希望花园能够陪伴小木鱼一起成长。

确定了花园的整体风格后，我按功能对花园进行分区设计，将其分隔为多个不同的小花园。其中包括自然水系花园、中心休闲区、户外餐厅、儿童游乐区、生态菜园等。

自然水系花园

山上水资源稀缺，建造一个蓄水池十分有必要，更何况"无水不成园"，因此，我最先开始建造的便是这个功能与景观并重的自然水系花园。

我计划利用之前挖好的排水沟，做成一条可自然储水的水渠，最后汇集到中间的水池里。当水池的水过多时，会从南北两处的排水口排出，这样，只要下雨，水池就会自动蓄水换水。水池将来会投养锦鲤，因此我在水池的中央设置了一个深1.8米的深水区，以便冬季温度过低时，鱼能够游到里面过冬。

为了保证水池的使用年限，我决定使用水泥打底，再将防水布作为夹层嵌在水泥中间。但在蓄水试验时我发现防水措施做得并不充分，因为这里的土壤比较松软，积水过多或冬季气温过低都会造成水泥开裂，导致漏水。后来又返工了两次，继续增加防水层、渗透液（一种可以让水泥防水的液体），试验时还是出现了漏水的情况。在请教了许多专业人士后我终于找到了原因：原来是在第一次用水泥打底时，没有用钢筋或者铁丝网将水泥连接起来。找到原因之后，问题就迎刃而解了。做完防水层后，我在表面又抹了一层水泥并铺上了一层碎石，使水池的外观看起来更加自然。

花园早期还没栽种植物，四周全是黄土，且施工时经常运送土壤和水泥，水池一直都很浑浊。但由于水池较大，将来四周会种植很多植物，不适合安装过滤系统，因此我在水池里投放了很多黄金麦饭石，并在底层铺了一层厚厚的碎石与细沙，用于净化水质。

黄金麦饭石是山东特有的一种风化岩，在威海十分常见，用来种多肉或净化水质都很不错。

平整水渠地基。

第一次做好防水后试水。

花园建造初期，水一直都很浑浊。

锦鲤与金鲫鱼，可净化水质。

下雨后，池水就变得十分清澈。

　　水池建造完成后，我在水池及水渠四周栽种了一些耐寒的宿根植物。花园施工过程中尘土飞扬，水池底层积攒了不少淤泥，我就买了一个小型水泵把淤泥抽出来，直接浇在水池边的植物周围，给植物施肥。不过，要尽量避免将淤泥溅到植物叶片上，以免影响植物的呼吸和光合作用。

　　清完淤泥后，我就迫不及待地买来锦鲤投放进去，并从附近捡来许多枯木放置在鱼池中，为鱼儿创造一个可以躲避、嬉戏的环境。为了让水池能够形成一个小型的生态系统，我还去附近的小河里捞了很多小虾、小鱼和蝌蚪投放到鱼池里，并栽种了许多耐寒的睡莲。

　　令我没想到的是，锦鲤其实是外来入侵物种，它们几乎会吃掉水池里的一切，可以说是水池里的"霸主"，水池里的小生物很快就被它们吃光了，我抓来的小蝌蚪也没能幸免，连睡莲的花朵都被吃掉了。

　　花园里有了水系后，还未栽种多少植物就已经吸引了不少动物，水池的生态系统也慢慢建立了起来。观察水池是件很有意思的事。水面平静时，水池就像一面镜子，映出蓝天白云，锦鲤在水里嬉戏追逐。水池周围每天都会有很多小鸟来喝水，叽叽喳喳，跳来跳去，唱着欢快的歌。

　　不料，水池南面阳光充足的区域在夏季长了许多绿藻，绿藻爆发时一池碧水，都看不见水里的鱼了。我赶紧又在水池里种了许多睡莲遮阴，同时在水池旁栽种了两棵树，希望它们能快快长大，帮助遮挡一些阳光，也给花园增添一道景致。

池塘里的睡莲开花了，不过很快就被锦鲤吃掉了。

　　打造花园离不开栽种植物。要想植物长得好，改良土壤是最重要的一步，但也是最容易被忽略的一步。许多人为了省事直接将植物种在沙土上，再通过施肥来促进植物生长，其实这是错误的做法。如果没有良好的土壤环境让植物的根系好好生长，即使有充足的肥料，植物的根系也无法吸收肥力。相反，一开始就为植物提供良好的土壤，即使不施肥，它们也能够生长得很健壮。因此，改良土壤这项基础工作是绝对不能忽视的。

　　山里的土壤十分贫瘠，以黄泥、沙石为主，容易板结，所以花园里需要栽种植物的地方，我都进行了"穴改"：挖种植坑，用栽种多肉植物的土壤填满坑（主要成分是泥炭土、珍珠岩、木炭，以及少量黄金麦饭石）。土壤里有虫也没关系，在自然环境中，这些虫或者会遇到天敌，或者自生自灭，并不会影响种花。栽种月季和其他大型灌木，需要挖宽40厘米、深80厘米的坑，栽种其他植物只需挖宽40厘米、深40厘米的坑即可。

　　花园里只要有花草的地方，土壤都更换过，一共换掉了十几车的土。那段时间我的日常工作基本就是挖坑、换土的循环，一天最多能挖30个坑。山上的土层很硬，非常不好挖，在花园里工作半小时全身就会湿透，双手被磨得满是老茧。现在回想起来，真觉得当时的自己像个超人。

水池边的绣球。

拉上遮阳网给绣球遮阴。

挖坑换土。

洋水仙带来明媚的春光。

　　土壤改良完成后，我按照植物的高低层次沿着水池进行了分类栽种，最外层以假龙头、千屈菜、薰衣草等高度约60厘米的宿根植物为主，中间利用一些观赏草类进行过渡，最靠近水池的里层栽种了郁金香、洋水仙、风信子等低矮的球根类植物。球根植物种类繁多，花色丰富，适合小面积密植，可以栽种在花园中一些前方无遮挡的角落。不过，球根植物只在早春开花，且花期只持续两周左右，所以一定要搭配其他植物混种。球根植物的根系很少，不会和其他植物争抢土壤空间。

千屈菜。

鸢尾。

刚种好植物时，自然水系花园还略显荒芜，但我并不担心。从事园艺工作多年，我已经对大部分植物的习性都非常了解，能够提前预想到花园未来的模样。要知道，园丁都有一双神奇的眼睛，能够在荒芜的空地上看到花园。

为了让花园能够尽快成形，我还冒着酷暑在水池右方的水渠周围大面积栽种了绣球。炎热的夏季非常不适合栽种植物，我只能将大多数绣球都栽种在阳光较少的地方。一些向阳的位置我也都拉起了遮阳网，帮助绣球顺利扎根。

我在花园里栽种的绣球品种主要是'无尽夏''塔贝'与一种开玫红色花朵的本地绣球。这种本地绣球习性非常强健，在威海经常可以看到一大丛高度及冠幅都近2米的本地绣球。'无尽夏'比较娇贵，阳光稍强一点叶片就会被晒蔫，而且容易缺水，就栽种在光照较少的地方。南面阳光充足的位置主要栽种了木绣球'贝拉安娜'、圆锥绣球'草莓冰沙'，它们比较耐晒，充足的阳光和水分会让花朵更加挺立饱满。

栽种的绣球都是小苗，需要3年时间植株才能繁茂起来，我便在绣球周围穿插着栽种了许多其他可以越冬的宿根植物和一些一年生草花。同时，在土壤表层覆盖树皮，这样水分会挥发得慢一些，更利于植物生长。

经过一段时间的生长，水渠边的绣球已经略成规模。

铺上枕木，放上一把椅子，就成了一块小小的休闲区。

在池塘旁的一处高地，我栽种了一片樱花树，并在树下用枕木铺设了一块休闲区。这个区域贴近栅栏，还有几棵大树能够遮阴，夏季坐在这里很舒服，不仅可以看到整个自然水系花园的全景，还可以放松发呆，看着孩子们在花园里奔跑玩耍。

我在栅栏边栽种了许多铁线莲，未来铁线莲会攀爬覆盖整个墙面。栅栏下方栽种了绣球、鼠尾草和一些草花作为过渡。阳光较少的地方则种了耐阴的矾根、玉簪。

夏季到来后，各种植物都在茂盛生长着，这个自然水系花园已经一切就绪，剩下的就交给时间吧！

中心休闲区

　　集装箱客厅正门前的花园区域朝南，光照十分充足。在考虑温度、光照和降雨的情况后我决定做一个门廊，利用防腐木和PVC阳光板将整个门廊包起来。门廊最前端做两扇门，打造成一个小阳光房。这样即使冬季户外刮大风，也不会直接导致室内降温。而后，依托门廊用防腐木搭建一个休闲平台。

　　我想将门廊前的平台设计成半圆形，这样看起来更流畅、自然。手里工具有限，我灵机一动，临时用防腐木条制作了一个量具，在地面测量并画好立柱位置，从高处看像在摆魔法阵一样。

　　规划好位置之后，钉装起来很快。平台上方空间不做花廊、花架，而是用遮阳伞和大树来代替，这样既可以遮阴，也不会遮挡客厅的光线，树枝长开后还能给旁边的鱼池遮阴。

　　我用旧树枝来制作平台扶手，这样可以让平台与花园更加融合。这些树枝都是周围的农民收集起来准备当柴火烧的。这样好看的旧树枝被烧掉太可惜了，我就从农民手里买了过来。这些树枝在我的花园里被赋予了新生命。

　　万万没想到，平台钉装完毕后并没有想象中好看。特别是挂上太阳能灯后，夜里自带的霓虹灯效果，让平台看起来更像20世纪80年代的迪斯科舞台，任谁看了都想上台跳支舞……无奈的我只能自我安慰：种上植物后，整体效果肯定会大不相同的。

就地取材设计平台。

光秃秃的休闲平台，效果不尽如人意。

铁线莲'紫云'。　　　　　　　　　　　　　　铁线莲'戴纽特'。

　　休闲平台的阳光十分充足，适合攀缘植物生长。我在平台扶手旁栽种了很多铁线莲。铁线莲是花园里不可或缺的成员，特别适合和藤本月季搭配栽种，紫色、蓝色居多的铁线莲搭配白色、橘色的藤本月季，简直就像一幅色调柔美的油画。不过铁线莲在栽种早期需要适应新环境，头两年在花园里表现不佳，但是到了第三个年头，它们就开始迅速生长，攀爬到平台扶手上。铁线莲纤细的枝条缠绕着枯枝，具有别样的美感。开花时，美丽的花朵更是给古朴的扶手带来了活力。

平台一角。

除了铁线莲，扶手上还挂了不少花色鲜艳的盆花，平台的四周也摆放了不少盆花，都是六倍利、天竺葵、矮牵牛这类花期长、容易更换调整的当季一年生草花，它们给平台带来了季相变化之美。

在平台东面，我设计了一个小型花坛组合，中心是一棵棒棒糖状的玫瑰，四周栽种了金鱼草、萱草、鼠尾草、松果菊、月见草、彩叶草等宿根植物。整个小花境能够从春季一直开花到秋末。玫瑰盛开的季节，在平台上每天都能闻到玫瑰馥郁的花香，还可以随时修剪几枝插在餐桌上的花瓶里。

平台边栽种了一棵直径8厘米的三角枫。等三角枫长大后，夏季绿叶繁茂，可以为平台遮阴，而秋季叶色转红后则会带来浓浓秋意。

为了配合集装箱城堡的色调，我为平台搭配了一套清爽的白色花园桌椅、一把白色太阳伞。这个休闲平台一下子就成为花园中的焦点。我畅想着，炎炎夏日坐在太阳伞下，就着蝉鸣和满目的绿色喝一杯冰啤酒，一定非常惬意。

搭配了白色桌椅，休闲平台看起来十分清爽。

绿植环绕的户外餐厅。

户外餐厅

　　山里的自然环境实在太好了，远处山上的大树苍翠挺拔，花园里花繁叶茂，微风袭过，花香扑鼻，总待在室内不免有些可惜，一个可以在户外用餐喝茶的空间就显得非常必要。春季，约上三五好友在花园里聚餐赏花；秋季，一边在户外烧烤一边看孩子们在花园里嬉戏打闹。这样的画面，光是想象都觉得十分美好。

　　因此，在打造集装箱住宅的时候，我就提前规划好户外餐厅的位置——紧挨着集装箱东面的厨房，并在厨房靠近户外餐厅一侧的墙面开了一扇窗，可以直接从厨房传菜到户外餐厅。

　　画好结构图，测量好各种尺寸之后，户外餐厅就可以动工了。首先在要立4根承重柱的地方挖坑，用水泥灌注后再将支柱立在水泥块上，以防后期土壤下沉引起空间变形。立好支柱后搭横梁，再用防腐木搭建廊架。廊架的一侧搭在横梁上，另一侧正好可以搭在集装箱的凹槽里，使整个餐厅结构更稳固。廊架上方安装了一层略微倾斜的 PVC 透明瓦，落差约30厘米，便于雨水排出。这样即使是下雨天，也可以待在户外餐厅。

　　户外餐厅的地面用4厘米厚的木板铺设而成，为了避免土壤湿气对地面造成影响，地面也用立柱略微抬升，并稍微做了倾斜，以便雨水可以直接从户外餐厅底部流出。

　　户外餐厅的东面、南面和北面，我都用防腐木钉了低矮的木墙，上方做了田字格栅栏，底部做了花槽用来栽种藤本植物。植物长大后可以沿着墙面爬到田字格栅栏上。花开的时候，户外餐厅被鲜花和绿叶包围，坐在里面吃饭聊天，有微风、花香相伴，好不惬意。

户外餐厅东面。

餐厅的色调为白色。

　　我在餐厅靠集装箱墙面的内侧角落各预留了一个大花槽，右边栽种了一棵6年的蒙大拿铁线莲，左边栽种的是紫藤。这两种攀缘植物生长比较迅速，能够快速呈现效果，虫害较少，也不像月季那样多刺，十分适合户外餐厅这类经常有人进出的区域。

　　利用藤条将植物牵引到墙面上，让植物可以顺着藤条攀爬。经过三四年的时间，植株生长繁茂后就会形成一整面花墙。紫藤还可以攀爬到顶部的廊架上，形成垂吊花廊，既遮阴又美观。

　　在餐厅东面最外侧的花槽里，我栽种了藤本月季和铁线莲，藤本月季之间搭配种植了木绣球。下雨时，水会沿着倾斜的屋顶流入花槽中，自动灌溉植物。铁线莲和藤本月季长大后会沿着墙面爬上田字格栅栏，形成花墙。

东面的花槽。

铁线莲爬上墙面。

粉色的藤本月季开得正好。

户外餐厅的南北两面各栽种了一棵樱花树，枝叶繁茂后可以给户外餐厅遮阴。春季樱花盛开时，在户外餐厅里用餐还能欣赏如雪的樱花。樱花树下栽种了许多郁金香、宿根大花萱草，也撒了很多百日菊、波斯菊这类草花的种子，保证一年三季都有花可看。南面阳光充足，我还在花槽里种了一株藤本月季'自由精神'和一株铁线莲。底部最矮的区域栽种了生命力超强且耐旱、耐晒的月见草、萱草，植物生长起来后能够把土壤全部遮住。

东边的墙面看起来比较空，我就顺手用造园的剩余材料做了几个益虫屋挂在这里，既可以装饰墙面，又能吸引昆虫，有助于打造良好的生态环境。现在，益虫屋里已经住满了"客人"，全是瓢虫和蜂类。等植物攀爬起来遮挡部分栅栏后，益虫屋看起来会更加自然。

国外大部分花园里都有很多喂鸟器、益虫屋、鸟窝等，用来吸引益虫、鸟类到花园里，营造一个小型生态链，从而实现无农药造园。虽然也会有害虫，但大多数都被益虫、鸟儿吃掉了，很少会出现大面积爆发虫害的情况。一个完整的小型生态链也是我未来造园的目标。

益虫屋制作材料：废木板、废弃的树枝切段钻眼、松果、稻草、细竹、铁丝网、丝瓜瓤（可以用稻草代替）。

益虫屋与小鸟餐厅。

餐厅外铺设了很大一片草坪，远处树下放置了一些花园长椅，夏季可以在树荫下纳凉。

户外餐厅南面地势较低的区域铺设了枕木，同样也是略带坡度，下雨后雨水能够顺着枕木直接流向草坪，最后排到更低的树林中去。铺设枕木的这片区域被我用来作为烧烤区，这样烧烤时既可以欣赏花园美景，也不用担心弄脏户外餐厅。

草坪是花园里必备的休闲空间。夏季可以在草坪上搭帐篷看星星，客人较多的时候也可以在草坪上聚餐，小木鱼和娜米也经常在草坪上奔跑、玩耍。我使用的是一种足球场专用草坪草，生长速度较慢，管理得当的话也要3个月以上的时间才能长好。但这种草坪草长得很密，还会钻入花园地砖和石板缝隙里生长。最重要的是这种草坪几乎不会滋生蚊虫，踩上去也很舒服。如果是选择生长速度较快的草坪草，后期养护会比较费力，一周便要修剪一次，而且蚊虫会非常多。

在铺草坪前，我将原地面的土壤都翻耕了一遍。北方地区土壤含沙量高，这种情况下，最好先铺一层种植土再铺草坪，以利于草坪草扎根。

　　户外餐厅内部也以白色调为主，放置了一张我自己钉的长桌，搭配几把白色椅子。地面上随意摆放了一些玛格丽特、蓝雪花、天竺葵等花量较大的盆栽植物，间或点缀一些花园杂货。靠墙摆放了许多置物架，用来摆放浇水壶、剪刀、手套等常用的园艺用品。田字格栅栏上也挂了不少盆栽草花。

废弃的鞋子也可用来栽种多肉。

餐桌上摆放的多肉组盆，可以一个月不用浇水。

户外餐厅内部。

户外餐厅灯光闪烁，美极了。

在建设初期我就计划要在户外餐厅挂上一排排小灯。夜幕降临时，小灯闪烁，就像把星星邀请到了家里，小木鱼看到一定会非常开心。

餐厅的串灯布置完的第一个晚上，我就把小木鱼叫了过来。

"宝宝，爸爸要给你个惊喜，先闭上眼睛。"

小木鱼充满期待地闭上眼。

我将灯打开后，让小木鱼睁开眼。

"爸爸，这就是惊喜吗？"

"嗯，喜不喜欢，美不美？"

"喜欢，好美！现在我可以进屋了吗？"

"……"

美好的幻想就这样破灭了。

不死心的我又从户外餐厅的屋顶牵了许多灯带到花园里的雪松上，打造出更震撼的视觉效果。这次，终于成功听到了小木鱼的惊呼："哇，爸爸，太美了！好像许多小星星呀！"户外餐厅的灯光效果才算验收合格了。

绿植环绕的滑梯。

我和小木鱼、娜米一起在沙石区玩耍。

小木鱼细嗅花香。

儿童游乐区

这个区域其实很简单，只要有以下几个元素就足够让小朋友们玩上一整天：滑梯、秋千、石子、草坪。一般来说，为了防晒遮阴，儿童游乐区建在树荫下是最好的。但我在花园建造初期没有买太大的树，种下的小树还需要时间才能长成。充分观察花园各处的光照情况后，我发现有一面较高的防腐木栅栏可以遮挡一定的阳光，最后便将儿童游乐区定在了此处。

通往多肉阳光房的楼梯正好也在这里，我便把楼梯下方的空间利用起来，安上了滑梯，后方用木头做了台阶，然后用砂纸把所有的棱角都打磨了一遍。滑梯下方全部铺上了草坪，这样就不用担心小朋友摔倒或者磕碰到石头上了。

我在草坪中间种了一棵雪松。等圣诞节的时候，可以把它当作圣诞树，和小木鱼一起装扮。

　　防腐木栅栏的下方较为阴凉，我用绣球、矾根、玉簪搭配了一组花境。将角落的地面整平后，铺上了地布，撒上一层厚厚的白石子，就成了一块可以玩乐的沙石区。花园刚建时小木鱼才2岁，正是喜欢玩石子的时候，天天都拿着小铲子在里面玩。小木鱼渐渐长大后，不再那么爱玩小石子了，沙石区渐渐被冷落，因此我打算未来将沙石区改造成一个既可以攀爬又能荡秋千的区域。建造花园就是如此，并不是一成不变的，而是随着植物的生长、主人的需求不断发展变化着。

栅栏下方的花境。

工具房内部格局雏形。

常用的工具放在门口，方便拿取。

工具房

花园里除了植物外，还需要很多的硬装设施，花架、鸟窝、虫窝、狗窝、鸡窝……如果都找木匠师傅制作，会是一笔很大的开销。正好我之前学过一些木工，便打算花园里的木工活全都自己动手。

常言道，工欲善其事，必先利其器。做木工活，需要凿子、刨子、电钻等一大堆工具，得有一个专门的工具房来堆放工具和材料才行。因此，我决定自己动手搭建一个工具房。工具房不用来居住，结构很简单，我在图纸上勾画出工具房的基础框架之后就动工了。只花了4天时间，工具房就搭建好了。

地面我用粗沙砾找平后直接铺上了水泥砖，造成了巨大的隐患——山上老鼠特别多，到了冬季，老鼠都躲到工具房里，在水泥砖下到处打洞，导致好几处地面都出现了塌方。

当我把所有的工具和材料都搬到工具房前时，却彻底懵了，因为东西实在太多了，如果只是把这些东西直接塞进工具房里，那工具房就会像一座垃圾回收站。我只好重新规划工具房的内部结构，准备制作一些木架，利用垂直空间来更好地收纳工具和材料。

经过多年的造园 DIY，我的木工制作能力已经娴熟很多，简单的木架早就不在话下。先用4.5厘米厚的木板打造框架，再铺上2厘米厚的防腐木板，制作了一圈 L 型台面。在墙面上也做了两排搁板，这样可以陈列更多工具。用丙烯给架子刷上漆，木架就大功告成了。

工具房像童话里的森林小屋。

最后，我将工具和材料有序地摆放到工具房里，整个空间全都被有效地利用了起来，并且十分整齐干净。为了方便拿取工具，我还利用一整面墙来悬挂常用工具。这种方式真的非常方便，每次使用工具都可以快速地拿起来。用完了挂回原处，就再也不会出现找不到工具或者时隔两年后从床底下或者沙发底下翻出来几把钳子的场景了。工具的增加，代表自己的技能越来越多。从工具房里的工具还能看到自己的成长，成就感满满。

内部规划布局完成后，我又抽空把工具房的门和窗户做好，给工具房的外墙也刷一遍丙烯。在房前用石块垒起花槽，种上绣球、铁线莲、藤本月季，空隙处撒了黑心菊、松果菊等宿根草花种子，金鱼草是直接从温室苗圃里买来的，买来的时候就已经开花了。种上植物之后，工具房的颜值也得到了大幅提升。干净整洁的环境再配上鲜花和绿植，辛苦的劳作也都变成享受。

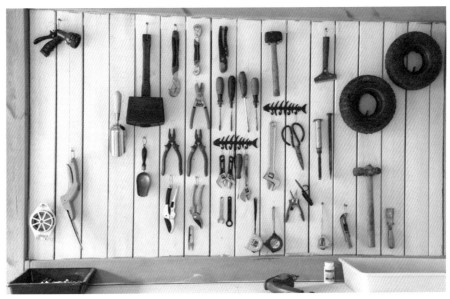

一目了然的工具墙。

生态菜园

住在山里，要想生活便利，菜园自然是不能少的。我在花园里物色了一块四周都有树木的空地，大约100平方米，用来打造菜园再合适不过了。

我原以为100平方米的菜园可以种不少蔬果，规划起来却发现100平方米并不算大。除了日常吃的蔬菜，我还计划种一些水果，这样对空间的划分要求就更高了。正好花园里还有一些用防腐木钉起来的废旧木框，此时它们便派上用场了。我采用国外1平方米菜园的理念，平整地面，留出日常养护时需要用的小路宽度之后，将木框直接放在地面上，进行隔离分区。木框高20厘米，宽1米，长度可以根据需求进行调整。这里的土壤以沙子为主，毫无养分，保水性也很差，并不适合栽种蔬菜。因此，我在木框里面填充了之前种多肉废弃的土壤（平时种多肉几乎不打药，这些土壤用来种菜也很安全）。

1平方米的空间可以再分成2~4份来栽种不同的蔬菜。小油菜、菠菜、生菜等叶菜在播种10天后即可再播种第二批，这样每种蔬菜不需要种太多，但一直都会有蔬菜可以收获。

木鱼妈和小木鱼种下菜苗。

木框之间的小路宽1米。路面没有铺红砖，而是铺了树皮，有以下几个原因。首先，铺上树皮后，树皮会给微生物和昆虫提供良好的栖息环境，而它们将在漫长的岁月中慢慢改良土壤。其次，树皮的保水性特别好，即使是在夏季，浇水后3~5天也不会干透，而原有的沙土浇水后一个小时水分就全部蒸发掉了。最后，用树皮覆盖，还可以抑制杂草滋生，并能避免雨后的泥浆弄脏鞋子。铺树皮可谓一举多得。

我们一家三口对蔬菜各有所好，木鱼妈妈喜欢吃黄瓜，小木鱼喜欢吃小西红柿，我喜欢吃油菜和秋葵。准备好土壤后，3月中旬一开春，我们就迫不及待地选择自己喜欢的蔬菜种子开始播种，在菜园里种下了第一批蔬菜。我们都期待着能在菜园里收获亲手栽种的蔬果，小木鱼更是三天两头往菜园跑，观察种子有没有发芽，给幼苗浇水、除虫。

花团锦簇的菜园入口。

利用废旧木框对菜园进行分区。

蔬菜长势良好。

蝴蝶很喜欢光顾菜园。

我用枝干做了一个既可以供蔬菜攀爬，又能供小木鱼玩乐的大型木架。枝干上尖锐的地方都进行了打磨，钉子也全都钉进树干，确保不会伤到小朋友。

木架四周栽种了许多长豇豆、茄子，初期蔬菜还没爬到木架上时，小木鱼经常像个小猴子一样爬上爬下。后期木架都被蔬菜爬满了，就像一个天然的绿色帐篷，木架就成为小木鱼玩捉迷藏游戏时的最佳躲避地点。有趣的是，小木鱼经常空着手躲进去，用衣服兜着满满的蔬菜出来。

菜园附近有一个鸡窝，小鸡们经常"越狱"到菜园里"扫荡"，小油菜刚长出芽就被小鸡吃掉了。无奈之下，我买了用绿色铁丝网将整个菜园都围了起来。不料铁丝网也无法阻挡小鸡冲进菜园扫荡的脚步，菜园里的蔬菜还是时不时被小鸡饱餐一顿。小鸡也有立功的时候，菜园角落的堆肥箱里由于添加了厨余垃圾，滋生了不少虫子，小鸡会不时到堆肥箱里啄食虫子，帮了大忙。不过，它们每次总会把堆肥箱里的枯枝烂叶刨到外面，饱食之后扬长而去，留下我收拾"残局"。

小木鱼经常到菜园里帮我赶走小鸡。她一边追着小鸡跑，一边开怀大笑，经常踩伤菜园里的蔬果，我却不忍苛责。看着小木鱼在菜园里也能玩得这么开心，我想起了童年的自己，那时的我们每天和小伙伴们在田野里到处玩耍，到池塘里游泳、抓鱼，晚上到玉米地里看萤火虫，不需要手机、电视，大自然就是最好的玩伴。我也默默下定决心，要让自己小时候的游乐场景再现，让小木鱼都体验一番。

小木鱼在菜园里帮忙。

刚建好的菜架就变成了小木鱼的娱乐场所。

山 居

N MOUNTAINS

春·拥抱新生活

2017年4月30日，是个值得纪念的日子。这一天，我们全家一起搬到了山里，开始了我们的山居生活。

和许多人想象的不一样，我们的山居生活并不是与世隔绝的隐居生活，毕竟这里不是原始的深山老林。确切地说，我们算住在乡镇上，只是这个乡镇周围是树林和农田。这里有水、有电，也有网络，公路都修得很好，而且从不堵车。从山上开车到小木鱼的幼儿园只需要7分钟，到距离最近的商业中心也只需要40分钟车程，因此，生活还是很便利的。

造一座花园，辟一处菜园，春种秋收，凡事亲力亲为，自给自足，曾是多少人内心的梦想。从这一天起，我们一家离这样的梦想越来越近……

　　早春的北方花园远不像南方的热闹，尤其是新建的花园。尽管前一年已经预种了很多植物，但花园里裸露着的空地还是不少。直到铺完草坪，花园里才有了些绿意。虽然能感受到拂面的春风，但此时的阳光已经带着夏季的毒辣。即使拉上遮阳网，门窗全打开，阳光房里的温度仍高达30℃。我工作的重心都在生态花园里，不断栽种植物，打造花境，丰富花园。

　　打造花境，很重要的一点便是四季均有花看。我根据植物的花期进行规划，在同一区域混种了宿根植物、花灌木、观赏草等。搭配植物时有一个不容忽视的原则——提前预留好足够的生长空间。植物的生长速度很快，许多植物基本上生长两年便会成为成熟的植株。如果一次栽种得太过密集，短期来看，花境效果很好，但长期来说，并不利于植物生长。植株过于密集会导致通风不佳，植物还会彼此挤压以争抢阳光和养分，自然无法健康生长。

雕塑小兔仿佛在等风来。

小木鱼与娜米。

春季的植物生长旺盛，需水量很大。北方的春季雨水匮乏，比较干旱，因而每天浇水成了春季花园最重要的一件事——一定要保证植物能够吸收到足够的水分来生长枝条和叶片。新栽种的植物也需要一次浇足水，这样可以利用水的冲刷让根系和土壤结合得更加紧密，植物才会长得更快。

万物生长的季节里，杂草更是会抓住一切机会拼命抢夺空间，甚至会挤死藤本月季等植物，植物的世界同样存在残酷的生存竞争。除草便成了春季花园里反复要做的事。除草时一定要将杂草连根拔起，毕竟它们的生命力太过顽强。只要有一丝机会，杂草便会蔓延开来。

花境组合。

　　每年春季，我都会和本地的花友一起到威海的各个苗圃扫货，搬到山上居住后也不例外。这个时候的苗圃，草花品种最多，价格也最便宜。和花友们一起逛苗圃的时候，我第一眼就被一种蓝紫色的幌菊吸引了。据说这个品种在威海是第一年引进，我便迫不及待买来在花园里栽种，想试试能不能自播。遗憾的是，试验结果表明幌菊在花园里并不能自播，只能作为一年生草本栽种。不过，建造花园便是这样不断试验的过程，每一次的试验都要遵循时节，等待时间来检验，急不得也拖不得。人们常说养花是一件修身养性的事，我想其中的道理便在于此。

蓝紫色的幌菊十分惊艳。

　　朋友向我推荐了美女樱的新品种，让我尝试在山里种种看。据说这个品种的生长速度非常快，自播能力更强。我二话不说立马拉了200盆（直径6厘米的小盆）回来。这个美女樱新品种没让我失望，在花园里表现很棒，当其他花草还没生长起来时，它们已经开满了整个花园。

美女樱在花园里表现很好。

　　球根植物是花园里的早春使者，4月开始陆续开花，花期20天左右。郁金香、风信子等颜色明快、春意盎然的球根植物适合栽种在花园里阳光充足的角落或者鱼池周围。盛开时，它们便会变成凝固的春光，洒在花园与水岸，扯开一整个冬季的阴霾。球根植物大多植株低矮，适合密植，建议15~25个种球一组，种植间距2~3厘米即可。采用单色系成片栽种效果会更好。

　　球根植物耐旱怕涝，浇水不宜过多，地栽5天浇一次水，盆栽3~5天浇一次水。花期过后，一周浇一次水即可。威海冬季最低温 -20℃，这些球根植物地栽都可安全越冬。

黄色洋水仙。

花色鲜艳的郁金香。

三只泥塑小兔站在花丛中。小木鱼说："中间的是我，粉色的是妈妈，绿色的是爸爸。"

葡萄风信子的花朵小巧可爱。

宿根植物是冬季地上部分枯萎，春季重新生长出枝叶并开花的多年生草本植物，在花园里是不可或缺的存在。我的花园里也栽种了不少宿根植物。在阳光的照拂下，它们纷纷开出美丽的花朵。

福禄考是春季开花的宿根植物，在部分地区可春秋季节开花两次。生长迅速，喜强日照，冬季能耐 -20℃低温。但叶片较硬，不适合栽种于花园踏步石缝中，以免扎脚。

石竹是绿化带中常见的宿根植物，花期从春季一直延续到秋末。耐旱耐寒，很容易长成一片，属于低矮型地被植物，适合栽种于角落、护坡。

玛格丽特是草花中的"战斗机"，能够从春季一直开到秋季。花色非常丰富，粉色、白色、黄色、红色，应有尽有。玛格丽特在南方地栽能够越冬，可惜在威海的山里地栽无法越冬，我只好将它们种在花盆里，搬运起来比较方便。

福禄考。

石竹。

玛格丽特。

两只长喙天蛾的口器被夹在了月见草的花朵中。

我还在花园里栽种了许多月见草。月见草是我养过最棒的花园植物之一，它们能从春季一直开花到秋末，如果种在向阳处，简直可以称霸四方。

唯一有些奇怪的是，月见草的花朵对经常被误认为作蜂鸟的长喙天蛾来说是致命的。长喙天蛾在吸食月见草的花蜜时，口器经常会被夹在花朵中间，如果没有足够的力量来挣脱，最后会死在花朵上。

月见草是多年生宿根植物，种在向阳面护坡简直能够称霸四方。

　　5月，吹来的风已经带着一丝热气，北方花园也迎来了一年中最美的鲜花盛宴，各种植物的花量都达到全年最高峰。在威海，月季的盛花期在5月底至6月初，最美的花墙、花廊只有这时才能够看到。但是能看到多美的花墙和花廊，还是要看运气的。毋庸置疑，花期阳光多、水分充足，花朵便会开得好、开得久。像威海这样的海滨城市，时常一阵风或者一阵暴雨，就把一年最美的鲜花盛宴破坏掉。

　　很幸运，今年山上没有什么雨水，风也不算太大。藤本月季踩着时节的鼓点，准时绽放。不过，藤本月季都移栽不久，还处于生长恢复期，开花量都不大。唯有交给时间，耐心等待它们长大，静待下一年的鲜花盛宴。

防腐木围墙外的藤本月季。

藤本月季竞相比美。

　　铁线莲也是春季花园的主角。我栽种的铁线莲基本都是二类品种，因为这类铁线莲不需要太多修剪，花朵也好看，常见的蓝紫色系铁线莲都属于这类。我在建园初期很期待能够像英国的庄园那样，打造出成片的铁线莲花墙，结果却不尽如人意，地栽铁线莲的生长状况远不如盆栽的好。

　　第一批买的200棵二类铁线莲地栽到花园里后，经过一年时间，仅活下来40多棵，可谓伤亡惨重。不过，活下来的二类铁线莲里也有表现优秀的品种——'里昂村庄'。我以前在市区的花园里栽种过一棵'里昂村庄'。它的习性极其强健，生长迅速，3年后便爬满了整面墙。之后被我连根挖走，移栽到别处。没想到几个月后，原来的地方又长出了一大棵，也就是被我移栽到山上的这棵。

　　接下来，我准备在花园里多种植一些三类品种，据说这类铁线莲适合用来打造花墙、装饰拱门，最终效果还需要再试验两年才能确定。

紫红色的铁线莲别具风情。

木鱼妈在花园里视察。

小木鱼拿起水管帮忙浇水。

　　我原以为，要等花园完全建好，环境变得很美时，小木鱼才会慢慢适应山居生活。因此，最初我对于让小木鱼早早搬到山上生活感到十分愧疚。没想到小木鱼没有一丝排斥，反而十分开心。

　　刚搬完家，小木鱼便迫不及待地邀请了许多小伙伴到家里做客。那一天，小木鱼兴奋得不得了，一会儿扮演山大王，一会儿扮演路霸，还给小朋友们介绍花园的分区和家里的房间，小小的身影里写着满满的自豪与骄傲。

　　也许，亲近大自然是每个人的天性吧。比起城市，山里虽然少了很多现代化的游乐设施，但新鲜事物一点也不少，有野兔、蝴蝶可以追逐，低头是泥土青草，抬头是繁星点点，在城市里难得一见。爱玩的小木鱼乐开了花，每天都像跟屁虫一样跟着我在花园里忙碌，一会儿主动拿起水管给花浇水，一会儿帮我递个工具，一会儿拿起铲子帮忙铲土。忙累了，就光着脚丫和娜米在草坪上嬉戏奔跑，花园的每个角落里都飘满了她清脆的笑声。看着小木鱼这么喜欢山上的一切，我觉得十分开心，对于建设花园的一些理念也开始慢慢转变，从最初的以花多院美的想法改变成围绕着小木鱼来设计建造。我也渐渐明白，最后的成果并不重要，和孩子一起造园的过程才是最珍贵的。

木鱼妈妈教小木鱼认识幼苗。

　　花园的边界有三分之一的区域用木栅栏围了起来，与松树林连接的地方，则用2米高的绿色包塑铁丝网围起来。春季是娜米撒欢的季节，搬到山上后，娜米更是彻底解放天性，即使每天在这么大的花园里奔跑，还是不满足。它三天两头从铁丝网下挖坑跑到花园外，追野兔、赶小鸟，乐此不疲，几乎就快变成野狗了。我每天都像打地鼠游戏一样到处找它挖的坑，用石头封死。经常是我刚把一个洞封死，娜米又重新挖了一个洞扬长而去，把我气得发狂，却又无可奈何。

小狗娜米和它的好朋友尖叫鸡。

静谧的花园一角。

山居的春季，虽然忙碌，但不乏许多美好的时刻。

一天中午，木鱼妈带着小木鱼一同去市区购物，我和娜米留守山里。正午的阳光穿过树叶，洒下斑驳的光影。远处时不时传来阵阵鸟叫声，风吹过时，树叶窸窣作响。花园里有各种陶艺树脂做成的小动物，小考拉在树上悠闲地荡着秋千，兔子在草丛里竖着耳朵聆听远处的风声。一会儿风停了，整个世界仿佛都突然安静下来了。

我忽然也生出了"偷懒"的想法，停下手中的活儿，躺在花园的长椅上，闭上眼，用整个身体去感受阳光的抚摸。那一瞬间，我仿佛彻底忘记了自己身处何处，身心都被彻底涤荡抚慰，这种感觉真是太棒了！大自然是最棒的疗愈大师。

除了携带花香的微风、和煦的阳光、清澈的蓝天，大自然还馈赠给我们许多天然的美食。

搬到山上居住以后，老妈上山的频率也高了一些。她每次来总能有不同的收获。槐树开花的时候，老妈总会采上一篮槐花，将槐花用蜂蜜搅拌后再揉进面里，烙成美味的饼。小木鱼爱吃这种槐花烙饼。以往每年春季我们还会专门上山采槐花，今后便不再需要这样的远足了。

山上还有马齿苋、鱼腥草等各种新鲜的野菜，拌成凉菜鲜嫩可口，是仅属于春季的时令美食。雨后在松树林里还能采到不少野生的灵芝。

山里的夜晚格外安静，静得好像能听清动物的脚步声。有一段时间，夜里我们经常伴着神奇的鸟鸣入睡，这种鸟鸣只有春季才有。这一切都让我更加庆幸，在春季开启山居生活的决定是多么正确。

山居的春季是忙碌的，时光在忙碌时更是过得飞快。不知不觉，远处的山上已经有心急的知了在唱着只属于夏季的旋律。而吹来的风，已经裹挟着热气，花园里的植物愈发繁茂起来，到处都是充满生机的绿意，我们都在期待着，会谱写出怎样的夏季山居生活故事。

夏
·
汗
水
与
收
获

经过一个多月的山居，我们一家三口已经完全适应了山里的生活。搬到山上后，生活并没有太大变化，现代化的设施让山居生活并不像大家想象的那么困难。朋友来做客的时候，都觉得这里就是世外桃源。不过，如果是朝九晚五的上班族，到这样的世外桃源来短期休闲还行，长期居住的话，通勤会是一个令人十分头疼的问题。

夏季来临前我们一家出门旅行了一段时间，拜访了不少国外的花园、植物园，又买了好多园艺摆件和工具来装扮我们的花园。

树枝间的蝉歌愈发热烈，带来只属于夏季的生机与躁动。夜晚，窗棂旁不断扑向玻璃的飞蛾也在昭示着夏天来了。植物生长得越来越繁茂。放眼望去，目光所及之处都是葱茏的绿意，生机勃勃。

夏季清晨，花园一隅。

山居的乐趣远远不只是造园。夏季的太阳升得很早，山里似乎更早一些，我们每天不到六点就会被太阳唤醒。清晨的空气格外清新，天空也很干净透彻，早起后在花园里晨练一会儿，整个人就会充满力量，灵感也源源不断往外涌。站在阳光房里，经常会看到野兔或者野鸡在对面草丛里跳来跳去。更远处是翠绿的森林和农田，满眼绿色让人感受到生活的美好和希望。

夏夜出门遛弯时常常能遇到各种小动物。野兔随处可见，还有些不知名的小家伙跑得飞快，听到脚步声便"嗖"地消失了。有一次我在工具房的楼梯下发现了一只小刺猬。看到来人，它赶忙把身子缩成一团。我给它放了些苹果，第二天一早发现苹果都没了，本以为是被小刺猬大快朵颐了，没想到后来在两个老鼠洞发现了几块残存的苹果，希望小刺猬也吃到了美味的苹果……

一家三口一起出去看花园。

小木鱼举着叶片遮阳。

枕着蛙声入眠也是山间独特的体验。尤其是雨后，蓄水池里的牛蛙、青蛙简直炸了锅，天天晚上都在"开派对"。

我第一次听见牛蛙的叫声时，觉得非常有趣——原来牛蛙名副其实，真的像牛一样发出巨大的"哞哞"叫声。我是重庆人，从小就特别爱吃牛蛙，我妈正好又是大厨，做的泡椒牛蛙更是一绝。眼前就有这样的山间美味，我自然想抓回家煮了享用。不过这牛蛙虽然叫声听起来很笨拙，身手却十分灵活，总是一听到我的脚步声就迅速下沉到水底，完全看不见。我连续捞了几晚都没收获，只好打消将牛蛙请上餐桌的念头。

对于小木鱼来说，这则是一堂生动有趣的自然科普课。晚上抓不到牛蛙，我就清晨带着木鱼去找青蛙和蝌蚪，给她讲解蝌蚪变成青蛙的小知识。但她到了问十万个为什么的年龄，常常把我给问倒。

"为什么蝌蚪会变青蛙啊？"

"青蛙为什么会生蝌蚪啊？"

"青蛙为什么爱吃昆虫呢？"

"为什么青蛙是绿的呢？"

……

小朋友们开心地戏水。

　　我们原来住在海边，隔一条公路就是威海最大的国际海水浴场。夏季傍晚，我们常常伴着满天红霞到海里游泳。搬到山上后，远离大海与沙滩，我们都很怀念那些下海游泳的日子。尤其是小木鱼，天天念叨想去海边游泳、打水仗。我原想在山上挖个游泳池，但是维护起来太费事，而且山上的水资源非常宝贵，用来灌游泳池太浪费。

　　不过，任何事情都难不倒有心人，尤其是有心的父亲。为了满足小木鱼的心愿，我在网上找到了一种儿童用的充气游泳池，一次只需要灌2立方米的水就可以让小木鱼畅玩，玩后用专门的布遮盖起来，水也不会变脏，灌一次水可以玩好几天。换水时，直接将水排到鱼池里，也不浪费。小木鱼看到这个充气游泳池时高兴极了，衣服还没来得及换就跳了进去。就这样，小木鱼又过上了有山有水的魔幻生活。周末小朋友们来玩时，看到游泳池就更不想走了。

　　还记得小时候，我常在仲夏夜和小伙伴一起到玉米地里看漫天飞舞的萤火虫。朦朦胧胧的田野像一块巨大的黑布，无数只萤火虫忽高忽低地飞着，闪着银光，像镶在布上的银线，那种美好的画面我到现在都忘不了。搬到山上后，我经常在夜幕降临时，带着小木鱼去山上寻找萤火虫，想让小木鱼也看看漫天流萤的美景。遗憾的是，也许是因为山里的水源太少，没有太多萤火虫可以吃的昆虫，每次找萤火虫总是失望而归。未来，我打算进一步扩大改建花园，希望能够通过干净清澈的流水，将萤火虫也吸引过来。

　　山上的空气很好，很少有雾霾天，夏季的夜空十分美。虽然没有遇见萤火虫，但在静谧的仲夏夜仰望星空，总是能看到许多闪闪发光的小星星，很容易看到银河，流星也十分多，只需要在花园里小坐一会就能看到不少流星飞过。有月亮的夜晚，整个花园都会被照得通亮。笼罩在温柔的月光下，集装箱城堡也变得静谧起来。

　　我曾经计划买一个天文望远镜，可以在夏季夜里带着小木鱼一起看星星。不过小木鱼对观星不太感兴趣。经常是我兴奋地喊她到花园里看星星，她却跑出来望一望天空，略显敷衍地"哇"一声，又跑回屋里。

　　虽然后来没有买天文望远镜，但我经常拿着相机拍摄仲夏夜的天空。不过由于设备有限，常常用三脚架蹲守好几个小时才能拍到几张自己比较满意的照片。

　　有时望着天空，我甚至会忘记自己还在拍照。我从小特别喜欢仰望星空，总觉得浩瀚宇宙有一种神秘的吸引力，儿时曾立志当一名探索宇宙奥秘的天文学家。虽然没能实现这个愿望，但长大后能在自己亲手建造的花园里看到这样纯粹的星空，也算是对内心的一种慰藉。

夏季傍晚，天空美得像一幅油画。

花园里的植物都开始繁茂起来。

盛花期过后的藤本月季。

虽然花园里的藤本月季不再疯狂，但其他植物郁郁葱葱，让整个花园呈现一片清凉。藤本月季的花朵开始逐渐凋谢。其实这些花瓣都是非常好的肥料，掉落地面后会被微生物和昆虫慢慢分解，最后变成肥料回到土壤，继续为植物供给养分。正所谓"落红不是无情物，化作春泥更护花"，大自然自有一套运行法则。

绣球'塔贝'绽放像蝴蝶一样的花朵。

绣球'无尽夏'花朵繁多。

  如今，绣球可以算得上是国内花园里的主角之一。夏季正是'无尽夏'盛开的时节，这种绣球的花期从6月一直持续到10月末，花朵会因土壤不同的酸碱度而呈现出不同的颜色。在酸性土壤中'无尽夏'会开蓝色的花，若是生长在碱性土壤中，花色则会变为粉色。

  除了'无尽夏'外，其他绣球也会在此时陆续开花。这些绣球都是最早栽种在我第一个花园里的品种，后来都被移栽到山上。到了山上，这些绣球都很快适应环境，仅仅一年的时间就已经超过了1米高。即便威海冬季的最低温达 −20℃，绣球也都安全越冬了，第二年还会长得更好。

  绣球的叶片比较薄，在炎热的夏季，绣球从早上11点至下午2点半都常常处于一种蔫痿的状态，看起来像缺水，其实只是被太阳晒蔫了。这时，千万不要以为是植株缺水了，一旦因此而过度浇水，就容易闷坏植株。

　　夏日的花园里还有一些可爱的小精灵——铁线莲，只不过已经过了盛花期，花朵比较零散，容易被其他草花盖住风采，但也另有一种清新、空灵的味道。也可能是因为栽种年限不够而导致开花不多，铁线莲需要很长一段时间来适应地栽环境才能长好。而花园里的铁线莲栽种时间最长的也才1年半，有的还是刚下地栽种。经过多次栽种试验，'里昂村庄'是目前我种过的地栽效果最好的铁线莲品种。

铁线莲'里昂村庄'。

薰衣草。

木绣球。

　　6月底，薰衣草与不怕晒的木绣球一同开花了，紫色与白色搭配，优雅而又清凉。

　　这是我第一次栽种薰衣草。第一年它们生长得特别好，第二年却突然死亡了。后来我才知道这种植物非常怕闷热潮湿的环境，很容易因烂根而整株死亡。因此，栽种薰衣草时要在植株根部隆起一个小土堆，这样根系周围就不会积水，植株更容易生长。

　　木绣球与'无尽夏'一类的绣球习性完全不同。木绣球生长十分迅速，生长2~3年后会变成很大的灌木，冠幅甚至会超过1米。因此，我在其周围预留了很大的空间。给植物预留空间非常重要，既可以保证植物有足够的生长空间，又可避免植物互相争抢养分。木绣球的枝干完全木质化后十分耐晒，而且阳光越充足，花量越多。到了冬季，花朵与叶片都凋谢后不需要再进行修剪。

旧靴子用来种多肉效果很不错。　　载满多肉的铁丝月亮船。　　阳光房里的多肉盆栽。

　　多肉植物在夏季状态不佳，就连户外露养的也是绿色的。相比其他植物，多肉植物真的非常好打理，仅不需要经常浇水这一项就打败了大部分植物。阳光房里拉上遮阳网，门窗全都打开，最高温仍然可以达到55℃，温度计已经爆表了。出乎意料的是，多肉们都还活着，良好的通风给多肉的生长提供了保障。在这种高温环境下，我不敢随便给多肉浇水，控水近一个月，发现多肉状态很差，叶片软薄，就在傍晚少量浇一次水，顽强的多肉很快也都恢复了。

　　阳光房的窗户都没有做防虫网，平时各种虫子、鸟儿也都能飞进来，瓢虫特别多，所以很少出现介壳虫。幸运的是，鸟儿一般都是进来欣赏多肉的，从来不啄多肉。

　　户外露养的多肉的管理更加粗放，我只在给草花浇水时顺便喷一下，它们的生长也都没有受到太大影响。对于露养的多肉来说，影响最大的事件，应该是鸡圈里的鸡集体"越狱"，并发现了多肉这种无敌美味。多肉几乎快被啄光了。

　　早春撒下的很多蔬菜种子迟迟没有发芽，我原以为是过早播种让种子都报废了。没想到，它们只是蛰伏在土壤中。夏季来临，在高温的催促下，蔬菜便像按了快捷键一样，一下子疯长起来，菜园焕然一新。黄瓜、茄子、西红柿长势癫狂，让我这个种菜新手有些措手不及。菜园产量最高的时候，黄瓜一天可以收10根左右，茄子一天能采三四根，小番茄每天一碗。辣椒、秋葵、豇豆也多到吃不完。我最爱的小油菜天天吃，也丝毫不见减少。

　　菜园里完全不打药，黄瓜、茄子很少有虫，但栽种的小番茄如果不及时吃，很快就会被虫子啃得到处是洞。光顾小油菜的虫子也不少，蜗牛尤其喜欢啃食小油菜。

　　西瓜是山上栽种的为数不多的水果之一，大多是用吃完西瓜后收集起来的西瓜籽播种的。西瓜籽发芽率很高，随便挖坑一埋，十来天就能发芽。仲夏时节，几乎每天都能收获两三个西瓜，虽然都不是很大，但都非常甜。

　　这个100平方米的菜园的产量远远超过了我们一家三口的食用需求，我们将吃不完的蔬果都分给了朋友。这种大丰收的喜悦，让我感觉似乎开了一个有机时令蔬菜店。

小番茄结了很多果实。

黄瓜产量惊人。

菜园里的西瓜很甜。

　　这是我第一次尝试自己种菜，虽收获颇丰，但也因缺乏经验出现了很多意想不到的问题。虽然已提前制作了一些支架供黄瓜和西红柿等植物攀爬，但我低估了这些爬藤植物的生长能力。制作的支架很快就被西红柿爬满了，来不及用支架支撑的西红柿大多都倒伏了，最初我用一些树枝支撑着，但我实在无法忍受乱七八糟的状态，又将树枝全部拔掉。结果西红柿全都躺在地上，被虫子啃得到处是洞。黄瓜和南瓜种得太多，枝条把小路全都盖住了，让人无处下脚。后来我把黄瓜移栽到铁丝网下，结果它们都顺着铁丝网爬到树上，难以采摘。绿叶菜播种量也太大，根本吃不过来，好多都长老了，还有的开出大片花来。种菜第一年，菜园就给我这个新手好好上了一课，让我学到了很多在园艺图书里学不到的知识。

郁郁葱葱的菜园。

栅栏外的月季和月见草已经完全被杂草覆盖住了。　　　　　　　　　　　　　　植物生长繁茂，每天都要浇水。

美好的背后总免不了辛苦的付出。夏季植物生长旺盛，杂草就更厉害了。只需要一场雨，杂草便会瞬间从土壤里长出来，很快就会高到盖过其他植物。杂草会与植物争抢阳光、水分与养分，必须将它们彻底拔掉才行。但杂草是不可能一次性清理干净的，每场雨后都要拔一拔，而且还必须将周围的土壤也清理干净，否则残留的杂草根会寻找任何一丝可能的机会破土而出。杂草也会开花，因此一定要赶在它结种前拔掉，否则种子会随风飘落，蔓延得到处都是。总之，清理杂草是一个细致而全面的工作，要如此坚持一两年，杂草才会彻底消失。

　　整个夏季我都没有停止过和杂草的战斗，每天都要四处巡视，一旦发现杂草就立即拔除。小木鱼也时不时跟着我一起拔杂草，不过通常都是拔一会儿就一溜烟跑开去玩了。

木鱼妈妈在花园里看书。

　　夏日花园里另一项重要的养护工作是浇水。大部分植物都需要每天浇水，最少也要两三天浇一次水，许多草花甚至需要一天浇两次。然而，威海的夏季干旱少雨，经常一个月都不怎么下雨。这样的干旱天气，着实令人头疼，浇水量要控制得非常严格，尽量节约用水。

　　鱼池里的水被晒热后，绿藻的生长速度加快，加上没有什么遮挡物遮阴，没几天水就变绿了。植物都还在干渴着，我自然也舍不得给鱼塘换水，只好每天对着一池"碧水"发愁。所幸，绿藻对锦鲤们影响不大。

　　眼看着花园里的植物因为水分不足而状态不佳，我也只能每天心焦地求雨。

劳作间隙在花园里休息。

穿着白裙的小木鱼就像
一个小天使。

被暴雨冲出鱼塘，潜逃失败的锦鲤。　　　　　　　　　　　　　　小拖车里蓄满了水。

　　老天爷就像知道我的苦恼似的，突然下了一场持续两天的暴雨。这场暴雨真的大得夸张，平时用来拉泥土的小拖车放在平台上，不到半小时就装满了雨水。在雨稍歇的一小段时间里，小木鱼和我一起冲到平台上打水仗，父女俩在花园过起了泼水节。小木鱼光着脚丫，开心地跳着笑着，这大概是在城市里遇不到的画面吧！

　　由于提前做好了雨水回收管路，大雨之后，鱼池的水瞬间就变得清澈起来，鱼儿也活泼了很多。正当我开心的时候，却发生了意料之外的情况。在设计鱼池时，为了防止鱼游出去，鱼池两侧的排水口设计得很小，并用网孔较密的铁丝网堵住了排水口。暴雨突袭，鱼池的水满了之后来不及排走，开始往花园里倒灌，锦鲤也跟着飘出来了。

　　看着被不断冲出鱼池的锦鲤在草丛、泥地里挣扎，我赶紧让家人将鱼都捡进水桶里，自己则撸起袖子、拿了锤子和錾子潜到水里凿排水口。好不容易把南面的排水口凿开了，转头去凿北面的排水口时，发现排水口上方做了平台，我只好像潜入翻转的船底一样，半边脸在水里、半边脸顶着平台底部，吃力地凿孔，还得不时浮上来换气，内心十分焦躁。费了九牛二虎之力，终于把两侧的排水口都凿开了，鱼池开始慢慢泄洪。

围栏上的杂货都是从世界各处淘来的。

除了除草和浇水，蚊虫也是夏季花园里最令人头疼的问题。夜幕降临后，总能看到不少飞蛾在窗户边扑棱着翅膀想往室内钻。山里的蚊子更是令人闻风丧胆，被咬后皮肤上会迅速鼓起大包，瘙痒难耐。幸好，我在规划花园时就非常重视排水，避免出现低洼积水的死角，从源头上控制了蚊子的数量——蚊子的幼虫都是在水里生长的。鱼池里的蚊子幼虫则多半被锦鲤给吃掉了，因此居住区的蚊子并不算太多。家里的门窗也都安装了防虫网，虽然偶尔还是会跑进几只蚊虫，倒也没给生活造成太大困扰。

但是离开居住区，往鸡窝方向，蚊子就多得吓人了，对于怕蚊子的人来说简直就是"人间炼狱"。我曾经穿着短裤在鸡窝周围干活，只一会儿，腿上就布满了密密麻麻的包。站着不动，可以清晰地看到蚊子成群结队地冲到裸露的双腿上，一巴掌下去就能打死四五只，可怕的是其他蚊子立马替补上来。甚至连我的牛仔工作服都能叮穿，可见蚊子的凶恶程度。

山居的夏季，有辛苦劳作、烈日炎炎、汗如雨下、蚊虫叮咬，但也有花团锦簇、新鲜蔬果、蝉鸣蛙声、繁星点点。虽然晒得黝黑，但笑得灿烂。在山上的每一天都过得特别快，不知不觉中，夏季就要过去了。天空似乎越来越高，风里带着若有似无的桂花香，这一切都让我开始期待金秋时节的到来。

绣球还在不知疲倦地开着。

秋 · 自 然 之 美

处暑过后，山里的温度也有了明显的变化，白天虽然仍有近30℃的高温，但吹过的风是凉爽的，在树荫下感觉十分舒服。到了晚上大概只有17~18℃，加上山间雾气大，体感会更凉爽一些。天气晴朗时，远处的风车也能看得很清楚。

清晨，花园里四处可见冰凉的薄霜。远处的山腰上有浓浓的雾气。叶片开始随着秋风飘落，踩上去窸窣作响。上山的路上，不时可见咧嘴大笑的板栗。天空深邃而美丽，白云的姿态千变万化。一年之中最舒服的季节来了。

我们都越来越适应山上简单而充实的生活，平凡的日子里也收获了满满的愉悦和幸福。与植物共生，知道种子何时发芽，知道鲜花何时绽放，知道果实何时成熟。在我看来，就是我理想中的生活。

秋季，大概是最能体现自然之美的季节了吧。各种颜色的草花混搭在一起，没有刻意的配色与造型，组合起来却有令人惊喜的效果。天地造物，自然为大。

入秋之后，花园里的草花日益繁盛起来，虽然有点乱，却很符合自然生态花园的观感。春季播种的波斯菊、百日菊、矢车菊等一年生草花，接过了夏日花朵的接力棒，霸占了整个花园。波斯菊长到了1米多高，把矾根、玉簪等低矮的植物都盖住了。

相比波斯菊，我更喜欢百日菊的花朵，不但颜色多变，重瓣的花形也很好看，花瓣也比较厚实，触感像纸一样，很适合用来做干花。

秋日花园一角。

观赏草带来浓浓秋意。

百日菊丰富多彩的花色。

生长旺盛的波斯菊。

波斯菊的花朵柔美。

小木鱼拎着小桶巡园。

　　除了一年生的草花之外，一些秋季开花的宿根植物也迎来了盛花期。玫红色的荷兰菊开得正艳，给花园抹上了一道鲜艳的色彩。荷兰菊的自播能力很强，花朵被昆虫们采蜜授粉后，种子散落，很快便会蔓延开来。我后来才知道还有蓝色的荷兰菊，打算以后把这种玫红色的荷兰菊换掉。

　　高挑纤细的千屈菜也在努力开着最后一茬花。这种常用于园林绿化的植物真是太强健了，十分耐旱不说，也耐热耐晒，还可以水培，自播能力也很强。我在鱼池里栽种了一大丛千屈菜，围绕鱼池一圈又分散地栽种了许多。到了秋季，周围岩石缝隙里、更远一些的地方也都长了起来。唯一的管理工作就是秋末花后，需要将其干枯的枝条全部剪掉。

柳叶白菀正在热烈绽放着，这是一种只在秋季大量开花的植物，细碎的花朵十分密集，仿佛雪花落在纤细的枝条上，非常美丽，是秋季花园里不可或缺的一道风景线。

柳叶白菀的旁边配植了被称为"野棉花"的银莲花。这两种植物的花期相近，银莲花花朵小巧、花色素雅，和白色花朵的柳叶白菀搭配起来，交相辉映，别具风情。我也终于明白银莲花为什么叫"野棉花"了——它在花后真的结出了一朵朵白色的小棉花。我兴奋地采集起来，准备第二年春季尝试播种。这就是花园的魔力，随时可以给我们惊喜和期待。

柳叶白菀。

素雅的银莲花。

楚楚可怜的玉簪花。

花园里地栽的铁线莲夭折无数次后，终于又有了生长迹象。这是它们来到山上的第二个秋季，地栽活下来的品种虽然不多，但存活下来的都很坚强，攀缘能力也都很强。相信随着岁月的滋养，铁线莲也会渐渐适应"山居生活"，生长得越来越好。

秋季盛开的花朵里，有一种很小很淡雅的花朵吸引了我——玉簪花。白色略带一点紫的花朵在清晨露水的映衬下，真的像极了古时女子头上插的玉簪。最初，我只是抱着试验的心态栽种了10株同一个品种的玉簪，种的时候没有换土，直接下地栽种，待遇相比其他花草，可以说是非常差了。没想到它们十分顽强，不仅活得好好的，还开花了。也许这就是玉簪独特的抗争方式吧，用美丽的花朵吸引我的注意，它们也的确成功了。我当即决定明年开春时为它们更换土壤，认真养护。有时想想，植物也是充满智慧的。

地栽的绣球渐渐枯萎，只剩一些零星的花朵。

花菱草与牵牛花。　　假龙头。

以前我在花园里见到不认识的野花野草都是直接拔掉。搬到山上居住后，我的想法发生了很大的变化，开始慢慢懂得去欣赏野花的美。后来发现很多野生的草花，其实也是很棒的花园植物。像山里常见的桔梗花，就是一种非常受欢迎的花园植物，只不过不开花的时候看起来像杂草。我在山里还发现了成片自然生发的筋骨草，不知从哪飘来的种子，就这样在山上扎根安家了。秋季正好是筋骨草的花期，整片整片的海蓝色花朵铺满山坡，仿佛将大海搬来了山头。现在我看到不了解的野草时，都会先留着观察，待其开花后看看适不适合花园，再决定是否拔掉。

有许多人认为绿化带的花太常见，不愿意在自己的花园里栽种。其实植物不分贵贱，哪怕是绿化带里的植物，只要搭配得当，也可以在花园里大放异彩。牵牛花便是如此，花量大、攀缘性强，用来装点栅栏、篱笆再好不过了。不过，牵牛花有一个很大的缺点——特别容易招惹虫害，介壳虫、蚜虫及毛毛虫都特别爱吃它。从抽生枝条开始，直到干枯死去，虫子会伴随它的一生。因此，想在花园里栽种牵牛花，一定要三思。此外，牵牛花的繁殖能力也很惊人，花谢后会爆出大片种子，散落在各地。发芽后应及时拔掉，不然就生生不息了。

虽然已经入秋，但白天阳光房里温度还是很高，基本都在35℃以上，所以多肉的颜色没有什么变化。秋末到来年春季，室内温度降到30℃以下时，多肉才会逐渐上色，达到最佳状态。

为了让阳光房的通风更好，我将防虫网都取了下来。深秋时节，虫子开始忙着找地方过冬，阳光房里的虫子也开始变多，特别是热爱啃食多肉的玄灰蝶，我几乎每天都能在阳光房里发现好几只。

秋季是一年中打理多肉植物时间最长的季节。长势不好的需要重新整理换盆，长大的需要换更大的花盆，土壤板结的要重新换土，还要检查虫害、清理枯叶，浇水也更频繁一些，一年里也就这时候和多肉互动最多了。

蝴蝶停留在多肉的花朵上。

子持白莲。

新乙女心。

劳尔。

　　露养在花园中的多肉则不需要太多照料。秋季早晚温差大，山里的露水也多，在这样的环境中，多肉长势喜人。在露水的滋养下，多肉很快就上色了，一棵棵珠圆玉润，非常可爱。露养的多肉可以就这样一直放在户外，等到冬季来临，再搬回阳光房越冬。

　　到了9月，三角枫的叶片渐渐变红。枫树的叶片并不是直接变红，通常是先变黄，再变成红色，因此，可以在一棵树上看到不同颜色的枫叶。

　　栽种在不同位置的几株三角枫，叶色的变化也有些差异，给花园带了深浅不一的色彩层次，赋予花园浓浓的秋意。远远望去，枫叶一丛丛、一簇簇挨在一起，像亲密的朋友在互诉心事。红的似火，黄的如金，在阳光下闪闪发光。现在花园里的三角枫还小，静待时光滋养，长成大树后，满树红叶的效果会更加震撼。我期待着等它长大了，在上面搭个小树屋，坐在树屋里眺望渐渐染上秋色的山林，该有多美好。

花园里的三角枫染上秋色。

和小木鱼一起制作益虫屋。

超大的益虫屋。

　　比起燥热的夏季，金秋时节简直太舒服了。对我这种闲不下来的人来说，这种凉爽的天气自然要找各种活儿来干。花园里、屋子里、多肉阳光房里还有许多细节需要完善，总觉得时间不够用。

　　为了多多吸引益虫，我又连续做了七八个不同形状的益虫屋。虫子们很喜欢我给它们建造的"别墅"，很快就住进去了，也许是虫子们在为安全越冬提前做准备。经过一段时间的观察，我发现入住益虫屋的昆虫主要是蜜蜂和瓢虫，偶尔也会有其他昆虫入住，但很快就被蜜蜂赶走了。

　　花园里多了这些益虫屋之后，植物受虫害侵袭的情况改善了很多。我刚发现植物上有蚜虫，瓢虫很快就赶来把它们歼灭了。

天气宜人，秋色正好，小木鱼更喜欢到花园里玩耍了。看了动画片之后，她央求我在花园里给她做一个秋千玩。女儿的这种小心愿自然得满足。我马上去工具房找来木板和绳子，将木板钉装起来，再绑上绳子，吊装在休闲区，只用了大约15分钟，低配版的秋千就做好了。虽然秋千做得很简朴，但小木鱼非常喜欢，一做好就爬上去荡了起来，笑声飘满了整个休闲区。

小木鱼的小伙伴到山里来玩的时候，这个秋千很受欢迎，小朋友们经常排着队轮流荡秋千。看着小朋友们笑成月牙儿的眼睛，我总是感慨，童年的快乐真简单，也暗暗决定，要尽可能帮小木鱼将这份无忧的快乐延续下去。

开心地荡秋千的小朋友。

笼罩在秋光下的小木鱼游戏屋。

秋季不需要大量的浇水工作，但波斯菊等草花长得太过密集时，需要不时修剪清理，以免影响其他植物生长。

到了9月末，山里开始变冷，在户外劳作时已经要穿长袖长裤了。此时的工作量比较大，因为许多植物的花期即将进入尾声，一年生的草花也在这个时候开始枯萎，我的工作重心变成清理残花和修剪枝条。

在大面积清理多余的植物时，小拖车发挥了很大的作用。这原本是买给小木鱼的玩具，现在却成为我专用的运输车，运砖头、拉土全靠它，没事还能拖着小朋友玩。

这里不得不提及我的一个失误：波斯菊开花后没有及时收集种子，修剪时种子还挂在枝条上。到了第二年春季，波斯菊就像野草一样长满了整个花园。它们还十分野蛮，会疯狂地与其他植物争夺水分，我反复拔了几个月才把它们清理干净。

运输神器——小拖车。

满园秋色。

食材花园的基础建设从秋末正式开始。

　　秋末，花事渐了，第一个花园的基础建设也基本结束了。我计划在生态花园的对面再打造一座主题花园——食材花园。顾名思义，这个花园里种的都是可食用的植物。趁着此时草枯虫少，土壤还没有上冻，我又赶紧开始食材花园的基础建设。我买来好几车旧木板和木桩，把它们改造成食材花园里的栅栏、花廊、花架；提前把水管、电线预埋好，做好了保温防护处理……

　　经过第一个生态花园的建设，加上一直不间断地学习花园设计的相关内容，我在设计花园时思路越来越清晰，细节也考虑得越来越严谨。虽然此时已经是万物即将开始休眠的秋末，但我的心里却有一颗种子正在发芽、长大……

小木鱼给鱼儿喂食。

深秋，不远处的田野里像铺了满地的金子，风吹过时，金黄色的麦浪翻滚，美极了。

我们的秋季山居生活也充满了金黄色的美好回忆。小木鱼越来越适应山里的生活，加上离幼儿园不远，她可以如常地上幼儿园。对孩子进行自然教育的同时又不脱离社会生活的设想都一步步实现了。

3岁的小姑娘特别贪玩，常常和娜米一起跟着我巡视花园。搬到山上后，小木鱼越来越喜欢动植物，从一开始害怕小狗到现在能够抱着小狗介绍给朋友们，从最初完全不懂植物到现在能带着小伙伴一起栽种向日葵，小木鱼也随着花园一起成长了不少呢！在我干活的时候，小家伙还会顺便送点工具、打打下手。

　　冬季即将来临，除了植物都渐渐凋零，动物也有很多反应。深秋，小鸟们在大量囤积食物，我们每天撒在花园里的小米、稻谷都很快就不见了。野兔们的活动范围也变大了，经常跑到花园里来吃掉落在地上的果子，菜园也时常被洗劫一番。

　　昆虫全都在拼命往室内跑，它们也需要寻找温暖的居所来躲避冬日的寒风。虽然我已经把阳光房和家里所有的防虫网都装上了，但家里每天还是会发现很多臭虫，阳光房里的瓢虫和臭虫更是多到吓人。蜘蛛们也开始忙碌起来，不断结网捕捉猎物，储备过冬所需的食物，这是春季和夏季都少见的景象。

　　我在户外检查月季时，还第一次发现螳螂产的卵，起初以为是发泡胶，后来仔细观察，才发现螳螂妈妈在拼命从自己身体里挤出大量"发泡胶"，特别有趣。也许，小螳螂们都要躲在"发泡胶"里过冬了。

深秋清晨的露水落在蜘蛛网上。　　　　　正在产卵的螳螂。

小木鱼吹着蒲公英。

　　春季买回来的小鸡长大了。这群鸡还真是"向往自由"，每次我一拉开鸡窝门，它们就开始起跑冲刺，像一架架战斗机一样飞出鸡窝、奔向菜地，扫荡菜园里的蔬菜。关上鸡窝门以后，还经常有鸡偷跑出来，起初我以为是周围的网没固定好，后来发现它们原来真的都是"飞鸡"，可以飞跃两米高的铁丝栅栏。

　　说起来，这群小鸡真是命运多舛。山里黄鼠狼比较多，有一段时间几乎每天都会有一只小鸡被吃掉。为了小鸡的安全，我把鸡窝四周都用铁丝网围了起来，但仍然阻止不了黄鼠狼为害。直到被吃掉20多只小鸡后，我才发现鸡窝里有两个洞，"黄大仙"每天就是通过这两个洞跑进鸡窝吃宵夜的。把洞堵住后，小鸡才暂时安全了，可是41只鸡，只剩下14只了。

　　为了防范黄鼠狼，我还在鸡窝里养了两只大鹅看家，心想，这回应该万无一失了。哪知天降横祸，养在山上看大门的德国牧羊犬有一天把绳索咬断，挖了一个洞钻进鸡窝里，一晚上鸡飞狗跳……第二天早上我带着小木鱼去喂鸡时，看到了尸横遍野、惨不忍睹的画面——两只大白鹅被咬死，11只鸡被咬死，还有3只鸡不知去向。还好失踪的3只鸡事后都找到了，原来它们飞到了树上，躲过了这次"灭门惨案"。经过这次教训后，我每天晚上都会去鸡窝检查一遍。

在花园里悠闲踱步的鸡。

小狗娜米。

　　山上老鼠很多，到了秋季，老鼠更加活跃了。但我不敢用老鼠药和捕鼠夹，因为担心捕鼠夹会误伤在花园里四处奔跑的娜米。狗天生热爱自由和奔跑，娜米在花园里奔跑还不够，还老是找地方挖洞跑到花园外的园区里，独自巡山去。娜米还特别喜欢抓老鼠，耐性也很好，要是发现一个老鼠洞，可以在洞口守上大半天。因此，用老鼠药也可能会伤害到娜米，我只能眼睁睁看着老鼠们日益嚣张起来。

　　深秋，天地已经奏响冬的前奏，万物即将开始休眠。我开始期待白雪皑皑的冬季的到来，期待在集装箱城堡里看雪花飘落，在银装素裹的山头和小木鱼堆雪人、打雪仗……

冬
·
冰
雪
世
界

北方的秋季是短暂的。11月底，冬季仿佛一瞬间就来临了。还没等我们反应过来，夜里户外的温度就降到了5℃左右。虽然在建造初期已经提前做了保温措施，但因为门窗太多，热量还是散发得很快。在不加温的情况下，夜里室内也只有15℃。为了让家里更舒适，我们启用了空气能供暖设备，家里温度立马上升至25℃左右，非常舒适。

没有了繁花绿叶，山上显得十分冷清。但冷清也有冷清的好，只要户外风不是太大，我都会出门跑上几圈，山里人烟罕至，只有我静静地跑着，伴随我的，只有在耳边呼啸的风声。我还经常带小木鱼一起去小森林里面遛个弯儿，踩踩厚厚的落叶看野兔在树林里蹦来蹦去找吃的，比赛谁捡的松果更多更大。天气越来越冷，而我们却愈发期盼冬季的山居生活会给我们留下怎样美好的回忆。

　　花园里的植物以开花植物为主，常绿植物较少，一到冬季，花朵都谢幕了，花园看起来十分荒凉。朋友打趣说"惨不忍睹"，我却觉得这是"四季分明"，这样的花园更适合我。

　　植物也有生老病死，虽然在冬季枯死了，但枯萎的枝条和叶片会回到土壤里变成肥料，来年春季到来时，植物会将积攒了一个冬季的能量重新释放出来。我喜欢这样夏荣冬枯的生命循环，也希望把这样的道理无形中传授给小木鱼。

　　除了陆生植物都干枯了之外，鱼池里的睡莲也开始休眠。天气转凉后，我就不再给锦鲤投食了。但锦鲤并不会饿死，它们会进入长达4个月的冬眠状态。这期间它们的活动减少，新陈代谢会很慢，所需要的能量也很少。

无花可赏的冬季花园。

泥塑小猫似乎在静静沉思。

雪松上挂着一层薄霜。

　　有不少朋友担心，威海的冬季这么冷，山上花园里的植物会不会被冻死。其实并不会，因为我选择的大多都是可以安全越冬的耐寒植物。毕竟花园太大，如果每年都重新栽种植物会非常累，因此在栽种前，我就已经根据需求筛选出适合山上环境的植物，比如绣球、月季、百合、洋水仙、鼠尾草、福禄考、薰衣草、萱草、千屈菜、假龙头等。这些植物在−20℃的低温环境中也能安全越冬，第二年反而会因春化作用长得更好。这样，只要搭配好植物的层次、颜色、花期，一年三个季节都有花可赏。虽然冬季只能欣赏雪景，但到了春季，万物就会重新焕发生机。

　　花园冷清萧条，但阳光房内的多肉却迎来了最佳的状态。虽然室外温度很低，但只要天气晴好，白天阳光房内的温度可以达到30℃，夜里关好门窗也能保持15℃。这样的温差环境非常适合多肉植物生长，它们开始慢慢上色，有些甚至开花了。

　　不过，由于夜里要紧闭门窗以保温，冷热交替导致空气湿度很高，此时给多肉植物浇水要十分谨慎。除了一些栽种在小花盆或浅花盆的多肉需要一个月浇两三次水，大部分品种一个月浇一次水即可。在低温环境下，浇水多了多肉很容易烂掉。

　　一些不耐寒的盆栽多年生草花，也都被我搬进了阳光房。阳光房内一下子就热闹了起来，生机盎然。

在阳光房里教小木鱼认识植物。

舒适的工作休闲区。

威海冬季除了雪大天冷外，风也格外大，实在不适合在户外干重体力活。有一年冬末，我在户外修剪了3小时的月季之后就病倒了，足足躺了一个星期才恢复，从此我就对威海的冬季大风心有余悸。入冬以后，我只能挑选阳光明媚的晴天干些较为轻松的活，比如将花园里枯萎的杂草修剪收集起来运到堆肥箱里，把还没有采集的种子采收起来，留待第二年春季播种等。

大多数时候，我都是猫在阳光房里写写稿子，和小木鱼一起做些小手工。阳光房里的多肉植物实在太多了，趁着冬闲，我挑选了1000多盆多肉移到温室去。腾出来的空间被我改造成工作区，把白色木墙刷成五彩斑斓的颜色，搬来一张沙发、一张简单的木桌，又采购了许多能耐0℃低温的大型绿植来装点，这样，阳光房里就有了一个可以画画、看书、晒太阳放松的区域。有了鲜活的植物相伴，工作效率也变得奇高无比。

　　工作累了，就起身照料一下多肉植物，把多肉拇指盆整理一番。这些多肉拇指盆很多已经生长了4~5年，状态不是太好，有的翻倒了，土壤也没了，但都还顽强地活着。别看拇指盆一个个很小，其实用来种多肉再合适不过。刚种好后可以天天浇水，每次要浇透，因为花盆太小，浇水后半天就会干透。前期多浇水让多肉快速生根，一个月后浇水就很随意了，两三个月不浇水也不会死掉。不过，这些多肉拇指盆一定要放在阳光下。

　　在温暖舒适的阳光房里，一些多肉植物还开出了可爱的小花。我把这些小花修剪下来插在瓶瓶罐罐里，装饰阳光房。它们就像干花一样，可以摆放好几个月。

娜米被多肉拇指盆衬托得犹如庞然大物。

多肉的花朵直接插起来摆放即可，不需要加水。

可爱的拇指盆。

　　秋季飞进阳光房的虫子们一点冬眠的迹象都没有，全都跑出来觅食，恰好帮我清理了多肉上的介壳虫，与每日在阳光房里忙碌的我做伴。山居的日子里，我渐渐理解了一些自然界中生态平衡的道理。所谓益虫、害虫其实只是人类武断划分的结果。蝴蝶还是幼虫时会到处啃食枝叶，最喜欢为害月季。但换一个角度思考，其实它们也是在帮助修剪月季，哪怕所有的叶片都被啃掉，第二年月季还是会长得很好。等毛毛虫变成了蝴蝶，开始在花朵间吸食花蜜，传播授粉，又成为可爱的益虫。自然界自有它的一套运作法则，我们要学会的，就是去尊重自然、顺应自然。

　　冬季的山居生活，最大的惊喜莫过于雪了。也许是山上尤为寒冷的缘故，11月底就下起了冬季的第一场雪。毕竟这是山居的第一个冬季，我们十分兴奋，都想看看银装素裹的花园。望着窗外飘落的雪花，我感觉自己住进了世外桃源。可惜这初冬的第一场雪下得并不大，地上只有薄薄的一层雪花，不能堆雪人，也不能打雪仗。不过，冬季的山上，最不缺的就是大雪了。我相信，鹅毛大雪飘落的那一刻肯定美极了。

初冬的第一场雪。

野兔在雪地里留下深深浅浅的脚印。

小兔伫立在雪地里。

　　山里的小动物很多，上山时常会遇到野兔成群结队地跳进跳出，野鸡在周围飞来飞去。每天重复走的路也让人充满期待。雪后巡山时还会发现各种小动物的脚印，野兔的脚印最多，似乎还有野猫的脚印。跟着这些脚印一直走到森林深处，能发现动物们平时的行径路线，就像侦探破案一样，十分刺激有趣，算是冬季山居生活的一大趣事。

　　12月的一天，正在客厅敲打键盘整理文件的我，突然发现窗外下起了大雪，顿时一点工作的心情都没有了，拿起相机无比兴奋地飞奔出去。娜米也一溜烟儿地冲到了花园对面的空地里，像铲雪车一样用嘴在雪堆里狂吃，过了一会儿，又开始窜来窜去，好像在追什么东西，也许是闻到兔子的气味了吧！花园里的雪松很快就挂满了雪，犹如一棵圣诞树。

娜米很快就窜到远处。

花园雪景。

大雪之后，夜幕下的集装箱城堡尤为动人。

雪后，傍晚的花园一角。

雪一直下着，虽然不那么大了，但积雪越来越厚。到了傍晚，花园里的灯都打开后，我们被眼前的画面震撼了，冰天雪地中，笼罩在一片暖光里的集装箱仿佛一座冰雪城堡。

我第一次看到这样的雪景，真切地感受到自己活在用双手打造的童话世界里。小木鱼也兴奋地喊起来："爸爸，我们住在冰雪城堡里！"

每个小女孩都有一个"艾莎梦"，我帮小木鱼实现了。看着开心雀跃的小木鱼，我伸手一摸，竟发现自己的眼角湿润了。

山里的冬季真是冷，之前的雪还没化，又开始纷纷扬扬下起了小雪。看着厚厚的积雪，我和小木鱼决定一起堆个大雪人。作为一名南方人，我以前对堆雪人完全没有经验，一开始面对雪地竟有些无从下手。想起朋友告诉过我，雪人的头是在雪地里滚出来的，我便捏了一个小雪球开始在地上慢慢滚。花园里的雪很厚，随意滚了几圈，雪人就做好了。小木鱼蹦蹦跳跳地捡来松果给雪人做眼睛，用树枝给雪人做嘴巴和手，最后插上一个风车，萌萌的雪人就完成了。寒风吹过时，风车还会转动，雪人仿佛有了生命，很是有趣。

堆完雪人的第二天就放晴了，在暖阳的照拂下，平台上的雪人很快就融化消失了。二楼工作室外松树上的雪却没什么变化，披着白纱的松树林很美。最初设计工作室时，我未曾想到会有这样的雪景，只是想着把窗户开在松树林方向，工作之余可以向外望一望，有助放松心情。冬季下起大雪时，窗外漫天飞舞的雪花轻轻在松树间旋转而后落下，我经常看得忘了手里的工作，这真是意外之喜了。

和小木鱼一起堆的雪人完成了。

时间过得很快，马上到了12月下旬，迎来了圣诞节。平安夜，我们一家忙着装扮圣诞树，准备圣诞节的礼物。有许多朋友不理解，为什么现在越来越多的人费心思去过圣诞节这类"洋节"。但在我看来，当今社会，人际关系越来越疏远，平时亲朋好友没有太多可以碰面的时间。无论是什么节日，只要能借着节日的氛围和自己的朋友、亲人聚在一起，都值得庆祝。这种感觉就像儿时过年一样，是我向往的生活。

我对于圣诞节的情结源自小时候。那时妈妈经常跟我说："圣诞节前一天晚上，圣诞老人会骑着驯鹿来给小朋友送礼物。只要你许愿然后乖乖睡觉，第二天一早就会看到圣诞老人藏在枕头下的礼物。但一定要相信才会有，如果小朋友不相信有圣诞老人，就不会有礼物。"我照做了，真的得到了礼物，还带到学校给同学看，结果同学却嘲笑我太天真，为此我还和同学打了一架。

现在想想，妈妈为我种下的童真的种子，在我如今实现梦想的路上，迸发了无尽的力量。我也想把这些快乐和力量都带给小木鱼。在圣诞节来临前，我一直给她讲圣诞老人的故事。但是现在的小朋友都太聪明了，小木鱼说："都是童话故事啦，爸爸你个傻糊涂……"让我一时语塞。

虽然不相信有圣诞老人，但小木鱼也被浓浓的节日气氛感染，兴奋得像只叽叽喳喳的小鸟。我负责布置圣诞树高处的串灯和挂件，小木鱼和妻子负责下层的挂件和礼物的摆放。等我把上面都装扮好后下来，发现可爱的小木鱼把所有的挂件都挂在了同一位置，树枝都快被压断了，我们相视之后都哈哈大笑起来。无论如何，一家人一起用心装扮、认真过节的回忆就是最珍贵的宝藏呀！

美轮美奂的圣诞树。

　　我邀请了"壁炉会"的成员们一起到山上聚会过圣诞。"壁炉会"诞生于2015年南非纳马夸兰地区寻找多肉植物之旅，一行人里有我的朋友、粉丝等。南非的很多酒店都自带壁炉，我们每天行程结束后就聚在壁炉前喝喝小酒，畅聊种花养草的趣事，就这样变成了一个亲密的大家庭。回国后大家还保持联系，不时聚在一起谈天说地或相约一起外出拜访花园。所以，我一直认为以花会友真的神奇又美好，可以让朋友圈变得无限大。

　　傍晚，太阳还没完全落下，月亮就已经清晰地印在深蓝色的天空上。大家如约而至，房间不够住，都带上睡袋打地铺。虽然山里的夜很冷，但房间里却暖融融的。这一夜，我们仿佛又回到了南非酒店的壁炉前，畅聊到深夜，欢声笑语不断，大家的心仿佛都贴在一起了。这是山居的第一个圣诞节，也是我度过的最美好的一个圣诞节。

和好朋友欢度圣诞节。

银装素裹的户外餐厅。

　　转眼到了2018年，1月中旬下了一场大雪，大到我从最初的期待，变成后来的害怕担心。短短2小时，落地窗外就有约30厘米厚的积雪，从室内看出去就更恐怖了，远处的松树都像是要被雪压塌了一样。这时户外的温度在 -10℃左右，我非常担心空气能供暖设备停转，如果不能给室内供暖加温，我们真就要冻成因纽特人了。

大雪过后，远处望去都是白茫茫的一片，颇有些林海雪原的感觉。

　　我更担心雪太厚把阳光房的屋顶给压塌了，因为阳光房的屋顶中间没有加设立柱，跨度达4.6米。虽然阳光房内铺设了暖气管，但空间大，升温缓慢，雪积攒在屋顶后不容易化掉，需要先将玻璃顶上的雪推掉一些，依靠太阳提高阳光房的温度，才能慢慢化掉剩余的积雪。

　　无奈之下，我只好穿上厚厚的装备，冒着严寒去清理屋顶的积雪。从维修窗爬到屋顶上，我发现积雪很厚，非常滑，而且寒风刺骨，吹得松树狂舞，让我胆战心惊。风雪交加中，我只能整个人趴在玻璃顶上慢慢挪动，再用临时钉的木头耙子把积雪一点点往外推。费了九牛二虎之力，终于把阳光房顶部的积雪清理干净。天寒地冻的天气里，我却因为害怕和用力出了一身的汗。

　　集装箱一楼的正门也被积雪挡住了，开不了门。我从屋顶下来后先翻窗出去把二楼阳光房门外的雪清理掉，再继续下楼去清理一楼正门的积雪。我将正门的积雪推到鱼池里，但雪断断续续一直下着，累得气喘吁吁的我只清理了一小片区域就又被雪埋了。

　　在我忙着清理积雪的时候，小木鱼和木鱼妈还在呼呼大睡。清理完积雪，睡懒觉的小木鱼也醒了。看到厚厚的积雪，小姑娘欢呼雀跃，换上了羽绒服要和我打雪仗。我还没来得及坐下来喘口气，又被她拉出门。父女俩在雪地里你追我赶，你一球我一团，打起了雪仗，玩累了就躺在厚厚的雪被上休息。天寒地冻，我们却玩得不亦乐乎，一点都不觉得冷。小姑娘的脸冻得像熟透的苹果，但嘴角的笑容却一直不曾消失。

　　娜米也跟着冲了出来，在雪地里蹦蹦跳跳。其实娜米此时已经怀孕了，但是我们都不知道，以为它只是长胖了。很多人说怀孕的狗狗不能在雪里跑，我觉得那是因为很多狗狗都是圈养在家里，体能相对差一些。娜米每天在山上奔跑，追兔子、抓老鼠，体能很好，因此，在雪地里奔跑也没有影响它的健康。

　　躺在雪地里休息时，看着如流星般窜过的娜米，我突然灵光一现——用之前的废木料和塑料板做一个雪橇给小木鱼玩，该多有趣啊！便马上起身找来工具和材料动手，半个小时后，雪橇就做好了。我拖着雪橇刚出门，小木鱼还没坐上雪橇，娜米抢先蹿了上去，坐在雪橇上不下来，我只好拖着它跑了好远好远。在雪地里用雪橇拖着狗狗奔跑，也是难忘的经历了。

娜米像个小坦克一样，在雪里兴奋地推着雪前进。

自制雪撬板，娜米成为第一位体验者。

木鱼妈和小木鱼制作雪球。

雪宝成为小木鱼的好朋友。　　飞上树欣赏雪景的鸡。

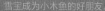

　　有了第一次堆雪人的经验，我们信心大涨，这次我们决定提高难度，一起堆一个小木鱼痴迷的动画片《冰雪奇缘》里可爱的雪宝。材料都是身边现成的，松果、树枝、胡萝卜，堆出的雪宝呆萌呆萌的，非常可爱。小木鱼还在雪宝的头顶插上3根树枝，说是它的头发，让我忍俊不禁。她很喜欢这个雪宝，对它爱护有加，每天早上一起床就马上去看它。山里温度比较低，整个花园大概被雪埋了一个多月，雪宝也静静地陪了我们很久。

　　天气再冷，风雪再大，也不能忘了给鸡喂食。鸡圈里只剩下3只历经磨难的鸡了，食量不算大。将冬储的大白菜切碎，再混一些小米、玉米粉拌一拌，就是很好的鸡食。由于天气过于寒冷，原本给鸡准备的水桶变成了大冰桶，每天还要用热水冲化一些才行。好在母鸡在冬季也坚持两三天下一个蛋，一直没停过，算是对我每天冒着严寒去给它们喂食的回报了。

　　工具房在冬季的使用率较低，只存放了一些园艺工具和木工工具，还有给鸡准备的冬储大白菜。天气一冷，老鼠们都跑到工具房里筑窝，不仅大白菜成了它们的粮食，存放着的保温板、防腐木等都被咬得全是洞，四处都是老鼠屎。老鼠太多，应该算是冬季最让人头疼的事吧！我暗暗下定决心，开春之后，一定要将工具房的地面都用水泥浇筑起来，让老鼠没有可乘之机。

雪地里的工具房。

　　菜园里也盖上了雪被，到处都是厚厚的积雪，没有蔬菜可以采摘了。以前没有在这么寒冷的环境里种过菜，后来我才知道有好多蔬菜也很耐冻，草莓、土豆、胡萝卜、生菜竟然都可以扛过大雪的压埋，并且被大雪冻过后口感更好。

　　被雪掩埋的1平方米菜箱前面立着标记种类的木牌，看起来有些怪异。不少朋友看了都打趣说这是"坟堡堡"（重庆话坟墓的意思），让我哭笑不得。

略显怪异的 1 平方米菜箱。

菜园里也是厚厚的积雪。

20天后，小狗们睁眼了，
毛发也光滑了许多。

这个冬季，最大的惊喜莫过于娜米当妈了。故事还要从2018年1月19日说起。那天，我们冒着漫天飞雪去山下买菜回来，拖着载满食材的雪橇上山。娜米也一路跟着我们。它拖着大肚子上楼梯时滑倒了，被我笑话："看你胖得，路都走不动了。"晚饭后我们都到更暖和的二楼休憩。窗外飘着雪，小木鱼和妻子在房间里玩游戏，我在工作室里整理文件。忙了许久，我突然意识到娜米不知道去哪里了，找了几个房间都没有看到它的身影。后来听见小木鱼房间的帐篷里有动静，过去一看，才发现娜米已经生下一只小狗了。

这场景让我们全家手忙脚乱，完全不知道该如何处理。我立马拿起手机寻求朋友技术指导，同时在网上搜索为小狗接生的经验。小木鱼则在一旁给娜米打气加油。

从晚上10点半一直到凌晨2点钟，娜米一共生出了5只小狗。我们既开心又为娜米担心，毕竟它这么小的身体生出5只小狗，体力消耗十分严重。

我用旧衣服给小狗做了一个干净舒服的窝。小家伙们才到这个世上没多久，就开始找奶吃了。朋友提醒我，刚出生的小狗很容易在这期间因找不到奶吃而饿死，或者被狗妈妈不小心压死，所以我一夜都没睡，一直守在小狗身边，当它们被娜米压住的时候，就把它们抱出来放在方便吃奶的位置。遗憾的是，第二天有一只小狗死掉了。它刚出生的时候就没有其他小狗活泼，也许这就是自然界的优胜劣汰吧。后来，我把它安葬在了花园里。

正常情况下，狗妈妈每隔10~30分钟会生出一只小狗，总共生多少只情况不定，所以要一直观察。小狗出生后狗妈妈会一直舔，把小狗身上的黏液和胎膜都舔干净。之后，可以用消过毒的线将脐带捆紧，在距离小狗肚脐上方3厘米左右的位置剪断，再用温水泡过的布将小狗身体擦拭干净。

小木鱼对小狗们爱不释手。

小狗刚出生的那几天山里特别冷，户外夜间在 -15℃左右。房间里的地暖效果不是很理想，所以我把娜米和小狗们都安置在了卫生间里。卫生间铺的是地砖，温度会高一些，但夜里也只有17~18℃，白天才能够升到25℃左右，所幸，剩下的4只小狗都没有什么问题，一直活蹦乱跳，一天要喝六七次奶。

小狗出生后的第一个星期我每天都睡不好，担心它们会被娜米压着，夜里时不时都要起来查看一下。有时晚上小狗爬到窝外面了，会叫得很大声，我就第一时间爬起来把小狗们送回窝里。那几天非常辛苦，但我乐在其中，每每看着可爱的小狗，总会不知不觉露出微笑。

小生命的到来，让小木鱼牵挂不已。她每天醒来第一件事就是去陪伴娜米和小狗们，一发现问题就像拉警报一样喊我："爸爸，快来啊！小狗有情况了！"

睁眼后的小狗在阳光房里跑来跑去地探索新世界。

小木鱼给小狗们拍身份照。

　　娜米大概是我目前养过最负责任的狗了，它让我明白伟大的母性并不专属于人类。有一次，我掰下一块面包给娜米，只见它叼着面包很快地冲向2楼阳光房，然后坐在门口等我。我以为它是要去找地方藏起来，但等我上楼把阳光房的门打开后，它又跑到了小狗们所在的卫生间门口坐着。这时我才知道原来它是想把面包送给它的孩子们吃。果然，我把卫生间的门一打开，娜米便冲到小狗面前，把叼着的面包吐了出来，让我既吃惊又感动。

　　这群小狗宝在娜米和我们的精心照料下，很快就长大了，每天都有新变化。在阳光房里陪小狗玩，轻轻抚摸小狗油亮的毛发，成了最治愈的事。

　　大雪封山，我们得以有更多的时间去用心感受山居生活。一家人或是在阳光房里看书聊天，或是趁着不下雪在花园里散散步，一点都不觉得单调无聊。在自己打造的冰雪城堡里，我们每天都过得非常充实快乐，彼此的心靠得更近了。

　　我也更加理解，回归大自然，回归简单的生活，才是最让人快乐的。而几个可爱的小生命的加入，让我更加期待春暖花开、万物复苏，那时，娜米可以带着小狗狗在花园里快乐地奔跑。

4只健康成长的狗宝宝。

翌春·童话树屋

3月，天气渐渐变暖，积雪开始融化，虽然气温仍然维持在0℃左右，鱼池的水面还有冰层，但空气里已经弥漫着早春的味道。冬眠许久的植物开始钻出地面，褐色的土壤里随处可见星星点点的嫩芽，预示着花园即将脱胎换骨，告别冬日的萧条，呈现另一番样貌。

娜米的几个孩子也渐渐长大了，每天在阳光房里跑来跑去，不时想溜到户外去探索外面的世界。山居的生活让我明白：春生夏长，秋收冬藏是自然界不变的法则。清闲了一个冬季的我，就像蛰伏的小动物苏醒了一般，迫不及待想要在花园里一展身手。一年之计在于春，周而复始，把辛勤的劳动奉献给大地，定会收货美丽的鲜花绿叶。我期盼着，春姑娘的脚步能迈得更快一点……

　　最早在花园里冒头的植物，是去年秋末采购的洋水仙。彼时，我为了丰富早春的花园，特意买了200多个洋水仙种球，与其他植物混种掩埋好。冬季连续一个半月埋在雪里，让我非常担心这些种球会因为水分太多而直接腐烂。如今看到它们冒出了嫩芽，才算是松了一口气。

　　天气暖和后，洋水仙就渐渐开花了。洋水仙形状各异的副花冠缀在六片花瓣正中，仿佛美少女鬓边的头饰，非常美丽。丛植的效果更好。很多人担心洋水仙有毒不敢种，其实种在花园里，猫和狗因为吃植物中毒的概率非常低，人就更不用说了。

　　早春需要检查花园中各种植物的表现。我经常巡视花园，那些不能重新生长的会被我淘汰掉，只留下适合这里气候环境的植物。每年还会重新引入一些新品种栽种，观察它们在花园中的表现，寻找最适合山上环境的植物。

迫不及待探出头的绿芽。

植物开始发芽。

在这个花朵稀少的早春，洋水仙上演着最盛大的演出。

牵引时将枝条呈扇形横向展开，有利于促进开花枝的生长。

早春也是修剪和牵引藤本月季的最佳时期。我将被低温冻坏的枝条以及张牙舞爪的凌乱枝条全部修剪一番，把健壮的枝条用铁丝固定在墙上。春季修剪枝条并不会影响植物长势，修剪反而会刺激植物生长。不过藤本月季不能像灌木月季那样重剪，我就有几棵长了好几年的藤本月季被帮忙的朋友不小心齐根剪掉，重新再长起来需要3年时间，让我心痛不已。

修剪藤本月季是非常危险的事，刚开始操作时我没有经验，也没用专门的月季修枝剪，工作效率极低，还经常受伤，手上和腿上被藤本月季的刺划伤十几处。后来我特意升级了整体装备，穿上牛仔工作服，戴上园艺手套，并购买了专用修枝剪，不仅提高了效率，也没有再受伤了。

经过这几年造园，我发现北方造园真的是"炼狱"模式。首先，土壤条件就不合格，里面全是沙子和石块，种花前得把原来的土全部换掉。因此，一到春季，我就又回到天天挖坑换上、栽种植物的模式。其次，北方的春季雨水很少，开春后，威海几乎没有下过雨，连续一个月的春旱，让浇水成了很大问题。虽然花园里铺设了价格不菲的喷灌系统，但没用一年就坏了，只能依靠人力浇水。挖坑种植和浇水，成了春季花园里最繁忙的工作。

一天巡园时，我发觉整个花园缺少分区隔断，便计划做一些栅栏来给花园分区。在早春阳光的照射下，积雪消融，土壤已经慢慢解冻，那些原本非常坚硬的黄泥，也变得像蛋糕一样好挖。心急的我一看土壤能挖动就立马开工了，却意外受伤了。

在钉装隔断栅栏时，由于木柱非常坚硬，要先用钻枪给木柱钻一个孔才能将螺丝拧进去。正在我热火朝天地钻孔时，钻枪不小心滑脱了，钻头从钻枪中弹出，直接将我左脚的雨靴钻透。我的整只鞋里顿时全是血。然而，我那一瞬间脑子里想的全是："完了，完了，接下来的活儿怎么干？"所幸，钻头没有穿透脚趾，只是将大拇指划掉了一块肉。

受伤也无法削减我建造花园的热情。第二天，我又开始继续干活了。因为行动不便，只能在阳光房里整理多肉植物。经过两个多星期的恢复，受伤的脚趾彻底愈合后，我又风风火火地投入到建园工作中。

工作日常。

不久后，钻枪就滑落了。

旧物利用，为春季花园带来一抹生机。

天气转暖后，小狗到花园里玩。

花园分区的栅栏做好后，我把那些做木工时损耗的边角料，不用的摆件、挂件，全都加工后安在了栅栏上。就连被小木鱼弄坏了的风车也被我钉在了上面，成了一道别致的风景。当然，一些天然材料更不能错过：造型不错的枯枝修剪一下，可以钉在栅栏上作为装饰物；把较粗的枯枝切片，在栅栏上拼贴出随意的图案；就连修剪下来的枝条也被我编制成爬藤花架后，固定在栅栏边供铁线莲攀爬。这些看似随意的装饰物非常实用，可以给恢复期的早春花园增添许多的景致。

　　新的主题花园——食材花园在去年秋季已经做好一些基础工作。天气转暖以后，我用低价买了一些旧木头，在花园中心搭建了一排排花槽和花廊，组成了一把巨大的"钥匙"。这把"钥匙"需要从高处俯视才能看得出来。此时土壤已回暖解冻，可以栽种植物了。正巧朋友那有食用玫瑰供应，我一次性买了整整两车回来，简单规划后便种上了，效果就留待时间的检验。

　　之前团购的600个百合种球也到货了，我在食材花园里栽种了500来个。要栽种的食用玫瑰和百合数量实在太多了，且它们都习性强健，这次我没有换土，而是直接下地栽种，打算等入冬后再追加肥料，逐渐改良土壤。事实证明，食用玫瑰与百合没有辜负我的期待，在威海确实表现非常好。

开满鲜花的食材花园。

搭建平台。

树屋框架。

钉装木板。

　　我不仅是个"造园狂"，更是个"女儿奴"。忙碌之余，看着和花园一起长大的小木鱼，总是想起那个被拆掉的秋千——因为冬季风太大，在休闲平台上做了挡风门而不得不拆掉秋千，十分遗憾。我决定在花园里找一块空地给闺女建一个树屋，树屋建好后还可以把秋千挂在下面，两全其美。

　　花园里没有可以承重的大树，只能利用木桩先搭建一个平台，再将树屋搭建其上。在花园里考察几次后，我最后找到了一块大小比较合适的空地。树屋搭建在这个位置视野非常好，还能起到遮阴纳凉的作用。四周有不少树木可以与树屋衔接，春季长满枝叶后，树屋看起来就会像搭建在树上一样。最让人开心的是，从集装箱的餐厅望出来能够清晰地看到树屋。

　　树屋的设计思路源自我在网上看到的一张手绘稿。后来我发现现实与想象是有差距的，手绘稿有几处地方的比例并不符合常规，比如旋转楼梯的高度差异不合理。只好重新搜集资料，反复研究各种结构图纸，结合实际情况重新设计树屋的结构。将结构研究清楚以后，搭建工作开展起来就很顺利。

　　为了保障安全性和耐久性，承重木料我选用了耐腐蚀的刺槐木。利用4根粗大的圆木柱作为立柱，2根较粗的长木材作为横梁，开槽将立柱与横梁固定死，树屋平台的框架就搭好了，非常牢固。考虑到后期小朋友会光脚跑到树屋上玩，地面使用防腐木铺设。将4厘米厚的防腐木地板钉装在横梁上，平台就搭好了。

　　树屋的框架我依然使用了坚实的刺槐木，以保证结构的稳固性。树屋的框架搭建起来之后有些摇晃，将2厘米厚的木板作为树屋的墙壁和屋顶，钉装的时候将每一块木板都连接一根龙骨，整个框架就变得坚固起来。

树屋下方挂了小木鱼喜欢的秋千。

小木鱼的笑脸是我最大的动力。

　　树屋建造完毕后，还要打造上树屋的楼梯。我采用同样的方法，在树屋的后方做了两个高低错落的小平台，再用4厘米厚的防腐木作为台阶将两个平台与树屋连接起来。为了美观，还在防腐木木板的侧面钉装了旧木板，使楼梯看起来也很自然。剩下的一些木柱边角料正好用来改造成扶手和护栏，基本上是物尽其用了。

　　之后，我将之前拆下来的秋千挂在树屋下方，再挑选了一些花园杂货和串灯来装扮树屋，整个树屋就算大功告成了。一切正如我所想，树屋完工后，小木鱼开心地抱住我，大喊："谢谢爸爸！"然后一溜烟儿跑到树屋上玩。

树屋旁边原来挂了很多喂鸟器。天气暖和后，小鸟可以四处觅食，喂鸟器就渐渐被冷落了。我在喂鸟器里填充上水苔，种上多肉，将其改造成多肉挂篮，成为树屋上绝佳的装饰品。这些多肉挂篮不需要浇水，可以持续观赏到11月底，既美观又省力。

花园里有几处水管已经裸露很久，需要维修。在山里请师傅不方便，价格也贵，力所能及的事我都自己动手做。树屋完工后，我就运来水泥和沙子把裸漏的水管浇筑起来。环视花园，我发现花园里还缺少一个可以洗手的地方，又用剩余的砖块、水泥、沙子砌了两个洗手池。用灰砖搭好基座后，找来一块造型不错的枯木作装饰，洗手池就变得酷炫了。

多肉挂篮。

用剩余的材料制作的洗手池。

多肉乌龟背上仅有两三棵多肉是完好的，其他都被冻伤了。

种多肉的花盆上装饰着一条小鱼。

4月开始，天气越来越暖和，心急的我没多考虑就把大部分多肉组盆从阳光房搬到了户外，想尽早让它们扮美花园。那些用鞋子栽种的多肉，还有栽种在挂篮里的多肉都被我搬了出去。然而，老天总是喜欢时不时捉弄人，突然来个大降温，搬到户外的多肉几乎全体阵亡，没冻死的也被冻伤了。冻伤不严重的也需要3个月左右才能恢复状态。这次教训的代价太惨痛，让我以后再也不敢这么早就把多肉搬出去了。

其实，露养多肉还是有很多好处的：可以提升多肉的抗性，虫害也会减少，下雨时还会把一些病菌都冲刷掉。不过一定要在确保不会再大幅降温的情况下，才能将阳光房或者温室里的多肉搬出去露养。

而没有搬出阳光房的多肉状态很好。阳光充足，温度正好，温差又大，每一棵多肉都上色了。春季正好是多肉开花的季节，阳光房里的多肉都纷纷伸出了白色的花箭。

4月底的花园终于能够看到一些色彩了，除了洋水仙、针叶福禄考、二月兰也成了这个季节的霸主，经过一年的生长，它们都开始成片地开花。二月兰令我尤为惊喜，没想到它的自播能力这么强。最初我以为它只能生长在阳光较少的地方，没想到在阳光充足的地方表现更好，植株矮壮且不容易倒伏。而针叶福禄考经过两年的试验后，已经获得了我颁发的"最佳铺面草"的荣誉勋章——不仅生长快、不滋生杂草，还基本不长虫。

玫红色和粉色的针叶福禄考搭配着蓝色的二月兰，是春季最美的色彩。

　　5月已是暮春，这是藤本月季盛开的季节，此时的花园也是全年中最美的。这个时节气候凉爽，风也不小，花园里的虫子较少，是一年中最舒适的时期，藤本月季选择在这时爆发也是有缘由的。我的花园里藤本月季品种并不算多，但都是花量大、花期长、效果出众的经典品种。5月中旬我还抽空去日本看了东京国际玫瑰展，惊喜地发现，自己打造的这座自然生态花园并不比日本的花园差，只是缺少一点时间的沉淀和细节的完善。

　　开满美花的藤本月季花墙是很多花友梦寐以求的，但也有花友接受不了它们冬季枯萎的样子。然而，植物也是生命体，会繁茂生长，也难免会衰败。这样的变化难道不是更能带来惊喜和期待吗？

冬季藤本月季枯萎后的样子。

春季的藤本月季花墙。

装备齐全修剪藤本月季。

'玛格丽特王妃'。

'大游行'。

热烈的红色月季装点着白色集装箱吊桥。

　　今年春季威海的风不是太大，也没有大雨，花园里百花争艳、姹紫嫣红。藤本月季更是使出浑身解数，成为当之无愧的花园明星。这期间如果来场大雨或者大风，花园里的花基本就"废"了，要知道，威海的海风可是"威力十足"。

小木鱼在菜园里摘草莓。

　　很多人都说月季是"药罐子"。在我看来，根本原因是生态环境的破坏——当发生虫害时，大多数人都习惯靠药物治理。但喷药也会殃及益虫，它们会和害虫一起被杀死。虫害再爆发的时候，没有相应的益虫能够抑制住它们，只能继续喷药，如此这般，就变成一个恶性循环。

　　相反，如果减少药物的使用，让动物之间彼此相生相克，形成一个良好的生态环境，反而会有意外的收获。比如我的花园里，瓢虫变多后，蚜虫就变少了，甚至消失不见了。据说一只瓢虫平均一天能吃掉100只蚜虫，虽然我并不清楚这数据的准确性，但可以肯定的是，只要有瓢虫大军出现，蚜虫就不足以为惧。

瓢虫的幼虫虽然不好看，但不会对植物产生伤害，长大后还能消灭蚜虫。

　　春季虽然是月季称霸的季节，但素有"藤本皇后"美誉的铁线莲也毫不逊色。或大或小、或艳丽或素雅的铁线莲在花园里次第开放。虽然铁线莲不像藤本月季那样繁茂，会开出一整面花墙，但其纤细的枝条、美丽的花朵，也是春季花园里不可或缺的一道风景线。

　　很多人说铁线莲和藤本月季是最好的搭档，但我发现并不是所有的铁线莲都适合与藤本月季栽种在一起。因为藤本月季长势太旺盛了，用不了多长时间就会覆盖铁线莲，导致通风、光照变差。因此，如果不是习性强健的铁线莲品种，与藤本月季栽种在一起时很难有良好的状态。生长多年、枝干粗壮的铁线莲，与藤本月季混种则没有太大问题。

　　花期过后，铁线莲的花瓣会彻底掉落，花朵慢慢变成一个毛茸茸的球形体，里面包裹着种子。这些球形体非常消耗养分，应及时修剪，以便植株将养分输送到新的枝条上，孕育秋季的花苞。

铁线莲＇小鸭＇。

铁线莲＇戴纽特＇。

小木鱼精心呵护她播种的幼苗。

娜米的孩子也渐渐长大。

冬去春来，小木鱼已经4岁半了，有较强的认知能力和好奇心。我尽量配合小姑娘的作息，清早起来后，带着她一起到花园里走走看看，教她认识一些植物。毕竟，大自然是最好的老师。我希望这段拥抱大自然的童年时光，成为她生命的底色。

不在花园里劳作的时候，我多半在阳光房里工作，小木鱼就在一旁玩过家家。窗外的景色带着新生的嫩绿，不时传来鸟儿的鸣叫，幸福感自然而然地溢满了内心。

有时候，小木鱼会陪着我一起在阳光房里播种飞燕草、蓝蓟、羽扇豆等植物。新生的小苗一直都是小木鱼在帮助照看。阳光房里温度高，植物的需水量也比较大，她每天都会主动检查一遍植物是否需要浇水。

我们在花园里忙碌时，小木鱼会主动用推车帮忙运送工具，照看好娜米和它的孩子们，帮了我们不少忙。

　　夏季的脚步越来越近，树屋旁的大树，枝叶开始繁茂起来。我在树屋旁还特意栽种了一棵海棠，花开时白花如雪，树屋掩映在绿叶与鲜花下，星星串灯随风轻轻晃动，就像宫崎骏笔下的美好世界。

　　小木鱼几乎每天都要到树屋上玩，在树屋里晒晒太阳看看书，闻闻花香摸摸绿叶。就连娜米也忍不住，经常跟着小木鱼一起跑到树屋上晒太阳。周末小朋友们来玩的时候，小木鱼都会拉着他们到树屋面前炫耀一番："看，这是爸爸给我做的树屋，我们上去看看有什么好玩的吧！"小朋友们都欢呼雀跃，争先恐后地上去探险，小小的树屋成为花园里最受欢迎的景点。孩子们开心的模样，让我觉得再辛苦也值得。

掩映在海棠花中的树屋也变得梦幻了起来。

小木鱼在树屋下无忧无虑地荡着秋千,是山居生活里最美好的回忆。

　　春暖花开之后，山上不断有亲友们前来参观。我每天除了忙碌工作外，还要挤出时间收拾、打理花园。完全没有学过花艺的我，也开始自己摸索插花。还好花园里的植物很多，想要什么花材，就到花园里寻觅一番，总能找到心仪的品种，也算是实现了花材"自由"了。在这个过程中我似乎也找到了一些规律：插花就像多肉植物的组盆一样，色彩、结构的搭配，其实都是相通的。

利用花园里的花材，摸索创作的花艺作品，充满了自然的野趣。

多肉插花。

　　鲜花的保存时间太短暂，如果直接更换扔掉不免有些可惜。我会收集起来扔到堆肥箱里，让其慢慢发酵变成肥料，最后回归到花园中。

　　而多肉用来做插花素材可以存放很长时间。"花姥姥"吴芳林老师来我的花园参观时，带着我们一家三口做了很多的多肉花束。这样的多肉花束最少可以维持2个月，如果放在阳台这样的室外空间，三五个月都不会有问题。插在花瓶中的多肉既不需要加水，也不需要晒太阳，放在通风良好的位置就可以观赏很久。

　　草长莺飞的春季就这样在忙碌和打闹中结束了。春耕秋收，夏躁冬静，四季轮回的山居生活带给我许多美好的经历和感受。和小木鱼一起播种、浇水、除草，一起在草坪上奔跑，一起到山上捡松果，一起堆雪人打雪仗，我们在这座花园里度过了非常美好而难忘的时光。我相信，这样的山居生活，也一定会给小木鱼的心里烙下深深的印迹。和花园一起长大，是多么难得而珍贵的体验！

　　充满希望的春季虽然过去了，但灿烂美好的夏季接踵而至，我们的造园故事还在继续，我们一起谱写的山居生活乐章也未完待续……

花园植物清单

　　说起花园里的主角，那一定是各式各样的花朵，春季的各类球根植物、藤本月季、铁线莲，夏季的绣球、百子莲，秋季的波斯菊、百日菊，各色花朵装扮着花园，给花园带来勃勃生机。为了契合"自然生态花园"的主题，我希望打造出景色顺应四季更迭的花园。北方冬季寒冷，只有雪花可赏。因此，在选择植物时，我注重根据花期进行搭配，让花园从早春到深秋，都有花可赏。而花园的面积很大，如果每年都重新更换植物，工作量会很大，因此，我也格外注重植物的生长习性，挑选的都是适合北方栽种，并且能耐 −20℃低温的植物。在这里，我分类总结了在打造这座自然生态花园时用到的植物，包括每种植物的花期、习性、栽培要点等，希望能对大家有所帮助。

各色花朵为花园带来勃勃生机。

木香

木香分为白木香与黄木香两种，花期相同，5月初开花，花期20天。白木香香味很浓，一棵树的花香就可以充盈50平方米的空间。黄木香香味较弱，但胜在花量巨大。

木香生长迅速，从牙签苗开始，三四年就能长到四五米高，适合栽种在向阳面墙角，并预留好足够的生长空间。栽种时，要使用肥沃的土壤，后期每年冬季追肥（鱼肠或骨粉）。虫害较少。开花后修剪下生长过于茂盛的枝条即可。

紫藤

紫藤在北方5月初开花，花色主要有白色、紫色、粉红色。花后会结出种荚。生长速度很快，拇指粗的小苗栽种三年后就可以长到手臂粗。枝条攀缘性强且虫害很少，适合应用于休闲廊架或墙面装饰。

紫藤的修剪非常重要，栽种几年都不开花的情况，大多是修剪不当造成的。一年宜修剪2次，一次在7—8月，剪掉过度生长的枝条；另一次在1—2月，为开花做准备。紫藤较耐贫瘠，不需要施太多肥。

藤本植物

藤本月季

藤本月季花期多在春末夏初，大部分品种的花期都能持续两三个月。

藤本月季十分耐旱，喜沙质土壤。喜肥，上够底肥后，需要每年追肥一次，可以在初冬土地尚未上冻前在根部四周挖坑埋入肥料，以有机肥为佳。藤本月季在生长早期对通风要求很高，不可密植，否则易滋生病虫害。非常喜光，阳光越充足花量越大。阳光不足时，枝条会长得很细弱，花朵也很少。

冬季的修剪十分重要，可将最外侧杂乱的枝条都剪掉，留下靠墙的枝条，便于未来牵引。

藤本植物

铁线莲

铁线莲喜欢疏松、肥沃的土壤，相对耐旱。春季浇水多时枝叶会生长得很快，浇水少则会促进根系生长。病虫害很少，但有一种枯萎病属于铁线莲的癌症，虽然不会造成整株死亡，但对枝条损害很大。如果发现有枝条突然干枯萎缩，要第一时间从根端修剪并扔掉。江浙沪等雨水较多地区还需要注意土壤排水状况，过于涝湿会导致根部腐烂。

根据目前的观察，在北方花园中表现较好的铁线莲有：蒙大拿系列，'里昂村庄''蜜蜂之恋''粉香槟''杰克曼''鲁佩尔博士''小鸭''戴纽特'。

花灌木

喷雪花

　　北方花期4月中旬，开花时会在枝条上开满一束束的白色小花，犹如雪花落在枝条上，非常曼妙。

　　根系非常强壮，耐阴也耐晒，喜水，生长期要多浇水。习性很强健，虫害很少，易于扦插。喜松软透气的颗粒土，可在土壤中适当加入粗沙砾。

　　宜栽种在较为空旷的位置，生长两三年后会成为大型灌木，最好不要在其周围栽种其他植物。花园中东、西、南三面都可栽种，用于搭配打造花境效果很棒。

花灌木

木绣球

　　木绣球是忍冬科荚蒾属的落叶或半落叶灌木。北方花期5月初，可持续开花2~3个月，花色以白色、绿色为主，其中，圆锥绣球在阳光充足且温差较大的环境里可以呈现冰淇淋粉色。

　　非常耐晒，喜光。生长迅速，对水分的需求很大。根系扎得很深，喜疏松、透气的颗粒沙质土，需要添加底肥。枝干木质化很严重。宜栽种于建筑物侧面的空旷处，冠幅20厘米的小苗地栽2~3年后，冠幅会达到1米左右，应预留出充足的生长空间。

球根植物

洋水仙

　　洋水仙在北方于4月初开花，花色多为白色，是北方花园里最早开花的植物。叶片会在花后一个多月内枯萎，应及时清理干净。

　　宜在初春或者秋末栽种。如果栽种在雨水较多的地方需要注意做好排水工作，否则球根很容易腐烂。洋水仙的根系不深，球根下方有20厘米厚的土壤就足够了，球根上方需掩埋5~10厘米厚土壤。可通过一个简单的方法来决定栽种深度：种球高度的两倍。栽种时建议密植，25厘米 ×25厘米的空间里大约可以栽种10个种球。除地栽外，也非常适合盆栽。

球根植物

郁金香

　　北方花期4月末，可持续开花15天。花色非常丰富，花色和花瓣的质感具有春天的气息，大面积密植效果更好。栽种后，每年都会在同样的位置开花，只不过第二年花朵会变小，也不如第一年整齐。但是再过一年，花朵大小就可以恢复了。

　　喜松软、透气透水的土壤。不耐涝，土壤积水时种球易腐烂。宜种于树下，既能覆盖土壤又能有花看。花期过后，花茎、叶片都会变黄干枯，进入休眠。

葡萄风信子

葡萄风信子是一种比较小型的花园植物，适合盆栽。北方花期4月末，可持续开放15~20天，如迷你葡萄粒一样的花朵非常可爱。花色主要有蓝色、白色、紫色，也有粉色品种。花后叶片与茎都会枯萎。

地栽建议作为镶边植物使用，一定要密植，20厘米×20厘米的空间栽种20个种球。对阳光的需求不高，适合栽种于花园的东西两侧，用来装扮花园贴近路径周围的空白处。

金鱼草

金鱼草在北方6月中旬开花。花朵形似金鱼，花色丰富，有白色、橘色、粉色、黄色等。植株矮小，高30~40厘米，适合运用在花境前排与其他宿根植物一起搭配栽种。

对土壤要求稍高，喜欢疏松、透气的颗粒土。根系一般能扎到25厘米深。耐晒亦耐旱，夏季5天不浇水也没问题，不过春季生长期水分充足会长得很快。不喜密闭的环境，因此通风一定要好。冬季地上部分干枯死亡后应及时清理，入冬前在土表盖上一层树皮保温，来年春季会从根部生长出新叶来。病虫害很少。

喜阳宿根植物

针叶福禄考

　　北方花期4月，花期30天。日本著名的"芝樱"，就是针叶福禄考。常见的有粉色与玫红色两种，还有一种淡蓝色福禄考，花期略晚2周。夏末与秋季还会再零星开一次，但花量没有春季大。

　　耐强光，亦耐半阴。耐寒，几乎算是万能的宿根植物，非常适合北方花园栽种。生长迅速，第一年根系生长稳固后，第二年开始呈爆发式生长。十分耐旱。植株贴地生长，低矮，宜种在汀步石周围用于填补路边缝隙，也可以用来护坡。扦插存活率很高。

喜阳宿根植物

鸢尾

　　鸢尾是一种非常好的水生植物，但在干旱的地方也可生长。北方5月初开花，花期约20天，花色多为蓝色、白色、黄色。花后会结出很大的果子，可剪下来晾晒两个月后采收种子。

　　多数品种只在春季开花，亦有能开两季的品种。鸢尾花茎高可达50厘米，适合与其他矮生宿根植物搭配。生长旺盛，在普通园土种就能够生长，拇指粗的小苗下地后，保持水分充足，第二年就能够长成一大丛，很好繁殖。

喜阳宿根植物

薰衣草

薰衣草是一种很好的香草植物，部分品种可用于烹饪。在北方于6月中旬开花，花期约30天。花色以蓝色为主，也有白色和紫色。

不喜闷湿的环境，土壤的排水性非常重要，积水对于薰衣草来说是致命的，地栽时可隆起一个小土包，帮助排水，否则可能在生长两三年后突然死亡。

薰衣草属于低矮型宿根花卉，适合栽种在干燥、强光的正南面，上方不宜有遮挡。

喜阳宿根植物

鼠尾草

鼠尾草品种十分丰富，有海蓝色、紫色、紫红色等。北方5月底开花，可一直开到秋季，很受蜜蜂欢迎。

鼠尾草生长迅速，能很快侵占大片土壤，根系扎得不深。秋末地面部分枯死后及时修剪则来年春季还能萌发。自播能力超强，种子能随风飘落辐射至植株周围15米的空间。喜光，栽种在南面向阳处生长最佳，光照不足时会倒伏。适合与木绣球、百合、松果菊等植物混植搭配打造花境。喜湿亦耐旱，很少滋生病虫害，几乎不需要管理。

月见草

喜阳宿根植物

　　月见草在北方于5月末开花，花量很大，能从春季一直开到秋季，多为淡粉色，也有白花品种。

　　喜阳，耐旱，在威海这样干旱、强日照的环境中也可以"靠天吃饭"。雨水较多的地区不太适合栽种，容易倒伏。阳光较少的空间也不适合栽种。不太适合与其他植物混植，更适合单独成片栽种。对土壤要求不高，在普通园土中就能长得很好。完全没有病虫害，只有蜗牛、蛞蝓偶尔会啃食其叶片。十分耐寒，能耐 -20℃的低温。冬季地表以上的枝叶枯死后应修剪清理。

石竹

喜阳宿根植物

　　石竹是绿化带的常见植物，北方花期5月初，可持续开放到秋季。花色丰富，有红色、粉色、蓝色、紫色等。

　　喜光，但在半阴处也能够生长。植株低矮，适合在花园小路两旁或者花境前排栽种。非常耐旱。宜使用常规营养土栽培，虽然在沙质土中也能生长，但会影响开花。长势十分旺盛，可以通过浇水来控制生长速度。冬季地面部分会完全干枯，但是来年春季又会从土壤里生长出来。

喜阳宿根植物

萱草

北方花期6月底，花朵类似百合，花色丰富，可从夏季开始一直陆续开到秋末。

十分耐寒，亦较耐湿，南方雨水较多的地区也可栽种。习性强健，繁殖能力很强，只要根部健康，地上部分被剪光也没问题。株高25厘米，但花茎可能够达50厘米高，有的品种甚至可以达到1米，适合作为花境中景。

萱草的根系很容易与杂草的根系混杂在一起生长，栽种前应尽量将杂草根系清理干净。萱草偶尔会滋生蚜虫，蚜虫啃食叶片后滴落的液体容易引起病害，但不会致死。

喜阳宿根植物

松果菊

北方花期7月初，能一直开到秋末。品种非常丰富，在花园中可以用多种花色混植的方式打造花境。

习性强健。十分耐旱，偶尔浇水即可。对土壤要求不高，可以适应任何类型的土壤。喜阳，宜栽种在阳光最强的南面。叶片较少，若想打造繁茂的效果，应密植。株高70厘米，适合花境的中层位置。

花后2个月左右结出种子，将带有种子的花球剪下晾干后，用布包裹起来踩碎，种子会散落下来。采用挖浅坑，掩埋种子的方式可以提高发芽率。

喜阳宿根植物

荷兰菊

北方花期7月初，可以从夏季一直开到秋末，花色主要有玫红色、蓝色、粉色。

植株低矮，在花境中可栽种在最外层。耐晒亦耐旱，在半阴处也可生长，但光照不足时容易感染病虫害。根系可深扎30~40厘米，对土壤要求较高，使用泥炭土与粗沙混合栽培效果更好。入冬前，地表以上全部枯死，应及时剪掉。虽然习性很强健，生长迅速，但十分招虫，就好像它牺牲自我把附近的虫子都吸引了过来，让其他植物长得更好一样。

假龙头

北方花期7月底，花量很大。花穗高80厘米，适合作为花境中层植物。耐旱，但缺水会影响生长，在水系周围生长最佳。喜光，光照不足时枝干会变得柔软、容易倒伏。

蘖根能力及自播能力都很强，地下的根茎每年会分蘖萌发很多新芽，种子亦会在成熟后自落自生，入冬前就自生出许多小苗。与其他植物搭配种植时，用高25厘米以上的塑料花盆套住植株再栽种到花园里，能有效控制生长范围。

花朵非常受蜜蜂喜爱，是招蜂引蝶的好植物。

柳叶白菀

　　北方花期9月，开花时花序像垂柳一样下垂，枝条上开满白色小碎花，非常美观，可持续开花20~30天。

　　宜栽种在松软、透气且具有一定保水效果的土壤中。根系很强大，种植时挖大坑，有利于植株生长。枝条柔软下垂，宜栽种于石头垒砌的斜坡、鱼池周围。单独成片栽种效果最好，不太适合与别的植物混植。

　　虫害以蚜虫为主，偶尔也会滋生红蜘蛛，应保持通风良好。栽种在阳光充足的南面时，需要注意补水。夏季炎热的时候最少2天浇水一次。

百合

　　北方6月底开花，花期20天。花色丰富，有白色、黄色、红色、粉色、褐色等。花后叶片枯萎，只剩下光光的茎，等茎彻底干枯后从贴近土壤的位置剪掉。十分耐寒，复花性很好。

　　耐旱，适合栽种在花园正南面最贴近建筑物的区域。株高可达1.5米，可作为花境中最里层的结构。在潮湿的阴处枝干容易倒伏。喜沙质颗粒土，不耐涝，土壤的排水性一定好。早春或秋末栽培，土壤深度30~40厘米，将种球放入土壤中后，上层再覆盖10厘米厚的土壤。几乎没有病虫害。

银莲花（野棉花）

北方8月初开花，花期20~30天，是北方秋末花园里的主角，宜应用于花境中的最外层。开花时花序很长，优雅下垂，花形美观，花色丰富。

习性强健，既喜阳又耐半阴。病虫害少见，蜗牛偶尔会啃食其叶片。如果栽种在正南面，2~3天浇水一次最佳。土壤深30厘米为宜，松软、透气的颗粒沙质土更有利其生长。

花后，种荚慢慢成熟打开，里面是如棉花般的絮状物，故而又名野棉花。

丛生福禄考'荷兰小姐'

北方7月中旬开放伞状花序，有玫红色、粉白色等多种花色。花期30天，是秋季花园的主角。株高可达1米，适合作为花境的中景。

喜光，光照不足时枝条细弱，容易倒伏。非常喜水，略耐旱，夏季可3~4天浇一次水。花后，枝条与花序慢慢枯萎，入冬后将地上部分剪光。喜松软、透气的颗粒土壤，根系可深扎30厘米，地栽时可挖坑替换成营养土，更有利其生长。扦插繁殖成功率很高，在开花前剪下新鲜的顶端枝条，插入蛭石中即可生根。病虫害很少，叶片易被蜗牛啃食，但不会造成太大伤害。

喜阳宿根植物

千屈菜

千屈菜是一种十分常见的绿化植物，在北方7月初开花。十分耐旱，整个夏季完全不浇水也能存活下来，是花园中必不可少的宿根植物。也可水培。

喜强日照，也耐半阴，光照不足时也能开花，不过枝条会柔弱一些。冬季地表以上部分干枯死亡后应及时修剪，来年会从根系继续长出。

自播能力也很强。开花结种后种子会随风散落在各处，第二年萌芽生长。

耐阴宿根植物

绣球

北方花期6月中旬，可从初夏一直开到秋末。花色有蓝色、粉色、紫色、白色等，可通过调节土壤酸碱度来改变花色。

不喜强光，宜栽种在有散射光的树下。在全阴环境中，枝条略显柔弱，花量也会受影响。喜水，喜肥，喜疏松、透气且具有一定保水性的土壤。生长迅速，栽种时应预留充足的生长空间。'无尽夏'这类新枝开花的品种在北方可以轻松越冬，老枝开花的品种需在冬季保护枝条才能保证第二年有花看。绣球在栽种初期的两三年内都不需要修剪。汁液有微毒，除了红蜘蛛，几乎没有别的病虫害。

耐阴宿根植物

矾根

　　观叶植物，常见品种多达30余个。叶色丰富，被称为"花园中的调色板"。叶片可以从春季一直观赏到初冬，南方甚至可以全年观叶。是花园里不可或缺的植物。北方6月初开花，花期较短。

　　耐半阴，不耐暴晒。在全阴处也可生长，但叶色会变淡。耐寒，-20℃也不会被冻死。耐热，只要通风良好就不会影响生长。耐旱，夏季5~7天不浇水也不会干死。喜透气性良好的松软土壤，不能直接栽种在黄泥里。常搭配玉簪或绣球栽种于树下。

耐阴宿根植物

玉簪

　　观叶植物，叶色以绿色、白色、淡黄色为主，亦有蓝叶品种，叶形非常美观。北方花期6月，花色以白色和紫色为主。

　　玉簪有大型、中型、迷你型三种规格。大型玉簪适合栽种于树下，并预留足够的生长空间，避免栽植过于密集导致生长不良。冬季地表以上部分枯死后不需要清理。温度过低时可在地表覆盖树皮保温。喜疏松、透气的土壤。生长十分迅速，适合多品种混合种植，或与绣球、矾根、落新妇搭配以打造阴生花境。虫害少，蜗牛喜欢啃食其叶片。

耐阴宿根植物

落新妇

北方花期6月中旬，花色主要有粉色、白色、红色等。花序高约60厘米，轻盈浪漫，是常见的鲜切花素材。

耐阴，适合搭配矾根、玉簪打造阴生花境，效果非常突出。对土壤要求较高，喜欢松软、透气的颗粒土，根系能扎到30厘米深。冬季地表以上枯死后，及时修剪清理干净，第二年会重新发芽生长。虫害主要以蜗牛、蛞蝓为主，较少有病害。喜湿亦耐旱，夏季3~5天不浇水也不会有问题。

其他植物

睡莲

睡莲7—10月开花，昼开夜合。花色有白色、粉色、蓝色等。

喜阳光充足、温暖潮湿、通风良好的环境。习性强健，十分耐寒，即便是 -20℃的低温，水池结很厚的冰，只要栽种位置的水深达60厘米，睡莲就不会被冻死。入冬前，水面上的叶片会腐烂死去，但是第二年春季会重新萌发生长。

睡莲对于阳光充足的南面池塘来说必不可少，其叶片能起到很好的遮阳作用，避免滋生绿藻。此外，睡莲上生长的藻类还可以给鱼儿提供食物。

其他植物

长生草

　　长生草是北方地区唯一可以露养的多肉，冬季不会枯死，就算被雪覆盖也可生长，甚至会越冻越红。在花园中主要用于岩石花园，栽种在岩缝或者石堆里，也是打造花境小品的好素材。

　　喜干燥环境，栽种好后完全不需要浇水就能生长得很好。盆栽一定要选用水泥或红陶这类透气性好的花盆，土壤以60%~70% 的颗粒沙质土为宜。不喜高温闷湿的环境，如果花盆的保水性太好，遇上一个雨后晴天基本就全军覆没了。

图书在版编目（CIP）数据

用一生建造一座花园 / 二木著 .—武汉：湖北科学技术
出版社，2019.10
ISBN 978-7-5706-0683-2

Ⅰ . ①用… Ⅱ . ①二… Ⅲ . ①花园－园林设计
Ⅳ . ① TU986.2

中国版本图书馆 CIP 数据核字 (2019) 第080014号

用一生建造一座花园
YONG YISHENG JIANZAO YIZUO HUAYUAN

责任编辑：张丽婷
特约编辑：杨　迪
封面设计：胡　博　陈　帆
督　　印：朱　萍

策　　划：湖北绿手指文化科技有限公司
出版发行：湖北科学技术出版社
地　　址：湖北省武汉市雄楚大道268号（湖北出版文化城 B 座13~14楼）
邮　　编：430070
电　　话：027-87679468
网　　址：www.hbstp.com.cn
印　　刷：武汉市金港彩印有限公司
开　　本：787×1092 1/16 13.75印张 2插页
版　　次：2019年10月第1版
印　　次：2019年10月第1次印刷
字　　数：200千字
定　　价：68.00元